浙江省土地质量地质调查行动计划系列成果
浙江省土地质量地质调查成果丛书

丽水市土壤元素背景值

LISHUI SHI TURANG YUANSU BEIJINGZHI

李春忠　徐德君　陈东海　王志国　闫铁生　谢常才　等著

图书在版编目(CIP)数据

丽水市土壤元素背景值/李春忠等著．—武汉：中国地质大学出版社，2023.10
ISBN 978-7-5625-5543-8

Ⅰ.①丽水…　Ⅱ.①李…　Ⅲ.①土壤环境-环境背景值-丽水　Ⅳ.①X825.01

中国国家版本馆 CIP 数据核字(2023)第 053194 号

丽水市土壤元素背景值	李春忠　徐德君　陈东海　王志国　闫铁生　谢常才　等著
责任编辑：胡　萌	选题策划：唐然坤	责任校对：张咏梅

出版发行：中国地质大学出版社(武汉市洪山区鲁磨路 388 号)	邮政编码：430074
电　　话：(027)67883511　　　传　真：(027)67883580	E-mail:cbb @ cug.edu.cn
经　　销：全国新华书店	http://cugp.cug.edu.cn
开本：880 毫米×1230 毫米 1/16	字数：198 千字　印张：6.25
版次：2023 年 10 月第 1 版	印次：2023 年 10 月第 1 次印刷
印刷：湖北新华印务有限公司	

ISBN 978-7-5625-5543-8	定价：98.00 元

如有印装质量问题请与印刷厂联系调换

《丽水市土壤元素背景值》编委会

领导小组

名誉主任	陈铁雄
名誉副主任	黄志平　潘圣明　马　奇　张金根
主　　任	陈　龙
副 主 任	邵向荣　陈远景　胡嘉临　李家银　邱建平　周　艳　张根红
成　　员	邱鸿坤　孙乐玲　吴　玮　肖常贵　鲍海君　章　奇　龚日祥
	蔡子华　褚先尧　冯立新　洪勇杰　朱岩华　江建东　王卫青
	王志国　李桂来　蔡伟忠　林　海　张　军　杨海波　李巨宝
	楼法生

编制技术指导组

组　　长	王援高
副 组 长	董岩翔　孙文明　林钟扬
成　　员	陈忠大　范效仁　严卫能　何蒙奎　龚新法　陈焕元　叶泽富
	陈俊兵　钟庆华　唐小明　何元才　刘道荣　李巨宝　欧阳金保
	陈红金　朱有为　孔海民　俞　洁　汪庆华　周国华　吴小勇

编辑委员会

主　　编	李春忠　徐德君　陈东海　王志国　闫铁生　谢常才
编　　委	杨海杰　王付恩　章　辉　汪一凡　王岳勇　金　希　吴瑞清
	张方君　杨贤玲　熊　俊　赵红立　杨怀钰　邹　妍　刘　涛
	高　翔　宁益民　王　青　张　翔　林钟扬　朱海洋　林　楠
	马俊祥　贾　飞　蒋笙翠　李宝喜　林春进　肖业斌　周景伟
	柳　俊　詹陈伟

《丽水市土壤元素背景值》组织委员会

主办单位：
  浙江省自然资源厅
  浙江省地质院
  自然资源部平原区农用地生态评价与修复工程技术创新中心

协办单位：
  丽水市自然资源和规划局
  丽水市自然资源和规划局莲都分局
  龙泉市自然资源和规划局
  青田县自然资源和规划局
  云和县自然资源和规划局
  庆元县自然资源和规划局
  缙云县自然资源和规划局
  遂昌县自然资源和规划局
  松阳县自然资源和规划局
  景宁畲族自治县自然资源和规划局
  浙江省自然资源集团有限公司

承担单位：
  浙江省第七地质大队
  浙江省隧道工程集团有限公司

序 一

土地质量地质调查,是以地学理论为指导、以地球化学测量为主要技术手段,通过对土壤及相关介质(岩石、风化物、水、大气、农作物等)环境中有益和有害元素含量的测定,进而对土地质量的优劣做出评判的过程。2016年,浙江省国土资源厅(现为浙江省自然资源厅)启动了"浙江省土地质量地质调查行动计划(2016—2020年)",并在"十三五"期间完成了浙江省85个县(市、区)的1∶5万土地质量地质调查(覆盖浙江省耕地全域),获得了20余项元素/指标近500万条土壤地球化学数据。

浙江省的地质工作历来十分重视土壤元素背景值的调查研究。早在20世纪60—70年代,浙江省就开展了全省1∶20万区域地质填图,对土壤中20余项元素/指标进行了分析;20世纪80年代,开展了浙江省1∶20万水系沉积物测量工作,分析了沉积物中30余项元素/指标;20世纪90年代末,开展了1∶25万多目标区域地球化学调查,分析了表层和深层土壤中50余项元素/指标;2016—2020年,开展了浙江省土地质量地质调查,系统部署了1∶5万土壤地球化学测量工作,重点分析了土壤中的有益元素(如N、P、K、Ca、Mg、S、Fe、Mn、Mo、B、Se、Ge等)和有害元素(如Cd、Hg、Pb、As、Cr、Ni、Cu、Zn等)。上述各时期的调查都进行了元素地球化学背景值的统计计算,早期的土壤元素背景值调查为本次开展浙江省土壤元素背景值研究奠定了扎实的基础。

元素地球化学背景值的研究,不仅具有重要的科学意义,同时也具有重要的应用价值。基于本轮土地质量地质调查获得的数百万条高精度土壤地球化学数据,结合1∶25万多目标区域地球化学调查数据,浙江省自然资源厅组织相关单位和人员对不同行政区、土壤母质类型、土壤类型、土地利用类型、水系流域类型、地貌类型和大地构造单元的土壤元素/指标的基准值和背景值进行了统计,编制了浙江省及11个设区市(杭州市、宁波市、温州市、湖州市、嘉兴市、绍兴市、金华市、衢州市、舟山市、台州市、丽水市)的"浙江省土地质量地质调查成果丛书"。

该丛书具有数据基础量大、样本体量大、数据质量高、元素种类多、统计参数齐全的特点,是浙江省土地质量地质调查的一项标志性成果,对深化浙江省土壤地球化学研究、支撑浙江省第三次全国土壤普查工作成果共享、推进相关地方标准制定和成果社会化应用均具有积极的作用。同时该丛书还具有公共服务性的特点,可作为农业、环保、地质等技术工作人员的一套"工具书",能进一步提升各级政府管理部门、科研院所在相关工作中对"浙江土壤"的基本认识,在自然资源、土地科学、农业种植、土壤污染防治、农产品安全追溯等行政管理领域具有广泛的科学价值和指导意义。

值此丛书出版之际,对参加项目调查工作和丛书编写工作的所有地质科技工作者致以崇高的敬意,并表示热烈的祝贺!

中国科学院院士

2023年10月

序二

2002年,全国首个省部合作的农业地质调查项目落户浙江省,自此浙江省的农业地质工作犹如雨后春笋般不断开拓前行。农业地质调查成果支撑了土地资源管理,也服务了现代农业发展及土壤污染防治等诸多方面。2004—2005年,时任浙江省委书记习近平同志在两年间先后4次对浙江省的农业地质工作做出重要批示指示,指出"农业地质环境调查有意义,要应用其成果指导农业生产""农业地质环境调查有意义,应继续开展并扩大成果"。

近20年来,浙江省坚定不移地贯彻习近平总书记的批示指示精神,积极探索,勇于实践,将农业地质工作不断推向新高度。2016年,在实施最严格耕地保护政策、推动绿色发展和开展生态文明建设的时代背景下,浙江省国土资源厅(现为浙江省自然资源厅)立足于浙江省经济社会发展对地质工作的实际需求,启动了"浙江省土地质量地质调查行动计划(2016—2020年)",旨在通过行动计划的实施,全面查明浙江省的土地质量现状,建立土地质量档案,推进成果应用转化,为实现土地数量、质量和生态"三位一体"管护提供技术支持。

本轮土地质量调查覆盖了浙江省85个县(市、区),历时5年完成,涉及18家地勘单位、10家分析测试单位,有近千名技术人员参加,取得了多方面的成果。一是查明了浙江省耕地土壤养分丰缺状况,土壤重金属污染状况和富硒、富锗土地分布情况,成为全国首个完成1∶5万精度县级全覆盖耕地质量调查的省份;二是采用"文-图-卡-码-库五位一体"表达形式,建成了浙江省1000万亩(1亩≈666.67m^2)永久基本农田示范区土地质量地球化学档案;三是汇集了土壤、水、生物等750万条实测数据,建成了浙江省土地质量地质调查数据库与管理平台;四是初步建立了2000个浙江省耕地质量地球化学监测点;五是圈定了334万亩天然富硒土地、680万亩天然富锗土地,并编制了相关区划图;六是圈出了约2575万亩清洁土地,建立了最优先保护和最优先修复耕地类别清单。

立足于地学优势、以中大比例尺精度开展的浙江省土地质量地质调查在全国尚属首次。此次调查积累了大量的土壤元素含量实测数据和相关基础资料,为全省土壤元素地球化学背景的研究奠定了坚实基础。浙江省及11个设区市的土壤元素背景值研究是浙江省土地质量地质调查行动计划取得的一项重要基础性研究成果,该研究成果的出版将全面更新浙江省的土地(土壤)资料,大大提升浙江省土地科学的研究程度,也将为自然资源"两统一"职责履行、生态安全保障提供重要的基础支撑,从而助力乡村振兴,助推共同富裕示范区建设。

浙江省土地质量地质调查行动计划是迄今浙江省乃至全国覆盖范围最广、调查精度最高的县级尺度土壤地球化学调查行动计划。基于调查成果编写而成的"浙江省土地质量地质调查成果丛书",具有数据样本量大、数据质量高、元素种类多、统计参数全的特点,实现了土壤学与地学的有机融合,是对数十年来浙江省土壤地球化学调查工作的系统总结,也是全面反映浙江省土壤元素环境背景研究的最新成果。该丛书可供地质、土壤、环境、生态、农学等相关专业技术人员以及有关政府管理部门和科研院校参考使用。

原浙江省国土资源厅党组书记、厅长

陈铁雄

2023年10月

前言

土壤元素背景值一直是国内外学者关注的重点。20世纪70年代,国家"七五"重点科技攻关项目,建立了全国41个土类60余种元素的土壤背景值,并出版了《中国土壤环境背景值图集》。同期,农业部(现为农业农村部)主持完成了我国13个省(自治区、直辖市)主要农业土壤及粮食作物中几种污染元素背景值研究,建立了我国主要粮食生产区土壤与粮食作物背景值。21世纪初,国土资源部(现为自然资源部)中国地质调查局与有关省(自治区、直辖市)联合,在全国范围内部署开展了1∶25万多目标区域地球化学调查工作,累计完成调查面积260余万平方千米,相继出版了部分省(自治区、直辖市)或重要区域的多目标区域地球化学图集,发布了区域土壤背景值与基准值研究成果。不同时期各地各部门研究学者针对各地区情况陆续开展了大量的背景值调查研究工作,获得的许多宝贵数据资料为区域背景值研究打下了坚实基础。

土壤元素背景值是指在一定历史时期、特定区域内,不受或者很少受人类活动和现代工业污染的影响下(排除局部点源污染影响)的土壤元素与化合物的含量水平,是一种原始状态或近似原始状态下的物质丰度,也代表了地质演化与成土过程发展到特定历史阶段,土壤与各环境要素之间物质和能量交换达到动态平衡时元素与化合物的含量状态。土壤元素背景值是制定土壤环境质量标准的重要依据。元素背景值研究必须具备3个条件:一是要有一定面积区域范围的系统调查资料;二是要有统一的调查采样与测试分析方法;三是采用科学的数理统计方法。多年来,浙江省的土地质量地质调查(含1∶25万多目标区域地球化学调查)工作均符合上述元素背景值研究条件,这为浙江省级、市级土壤元素背景值研究提供了充分必要条件。

2002—2016年,浙江省开展了1∶25万多目标区域地球化学调查工作,辐射到丽水市的只有碧湖盆地周边,完成面积仅占丽水市总面积的1.2%。2017—2020年,丽水市系统开展了9个县(市、区)土地质量地质调查工作,按照平均9~10件/km²的采样密度,共采集18 003件表层土壤样品,分析测试了As、B、Cd、Co、Cr、Cu、Ge、Hg、Mn、Mo、N、Ni、P、Pb、Se、V、Zn、K_2O、Corg、pH共20项元素/指标,获取分析数据约36万条。项目分别由浙江省第七地质大队、浙江省第九地质大队、浙江省地球物理地球化学勘查院、中国冶金地质总局浙江地质勘查院、江西省地质调查研究院、浙江省地质调查院6家单位承担。样品测试由湖北省地质实验测试中心、湖南省地质实验测试中心、华北有色(三河)燕郊中心实验室有限公司、自然资源部南昌矿产资源监督检测中心、浙江省地质矿产研究所5家单位承担。严格按照相关规范要求,开展样品采集与测试分析,从而确保调查数据质量,通过数据整理、分布形态检验、异常值剔除等进行了土壤元素背景值参数的统计与计算。

浙江省丽水市土壤元素背景值研究是丽水市土地质量地质调查(含1∶25万多目标区域地球化学调查)工作的集成性、标志性成果之一,而《丽水市土壤元素背景值》的出版不仅为科学研究、地方土壤环境标准制定、环境演化研究与生态修复等提供了最新基础数据,也填补了市级土壤元素背景值研究的空白。

本书共分为5章。第一章区域概况,简要介绍了丽水市自然地理与社会经济、区域地质特征、土壤资源与土地利用现状,由李春忠、陈东海、杨海杰等执笔;第二章数据基础及研究方法,详细介绍了本书的数据来源、质量监控及土壤元素背景值的计算方法,由王志国、闫铁生、李春忠、徐德君等执笔;第三章土壤元素背景值,介绍了丽水市土壤元素背景值,由徐德君、李春忠、闫铁生等执笔;第四章特色土地资源和耕地肥力区划,介绍了丽水市的特色土地资源开发建议和耕地土壤肥力提升区划建议,由徐德君、李春忠、王志国、谢常才等执笔;第五章结语,由闫铁生、李春忠执笔;全书由徐德君、李春忠负责统稿。

本书在编写过程中得到了浙江省生态环境厅、浙江省农业农村厅、浙江省生态环境监测中心、浙江省耕地质量与肥料管理总站、浙江省国土整治中心、浙江省自然资源调查登记中心等单位的大力支持与帮助。中国地质调查局奚小环教授级高级工程师、中国地质科学院地球物理地球化学勘查研究所周国华教授级高级工程师、中国地质大学(北京)杨忠芳教授、浙江大学翁焕新教授等对本书内容提出了诸多宝贵意见和建议,在此一并表示衷心的感谢!

"浙江省土壤元素背景值"是一项具有公共服务性的基础性研究成果,特点是样本体量大、数据质量高、元素种类多、统计参数齐全,亮点是做到了土壤学与地学的结合。为尽快实现背景值调查研究成果的共享,根据浙江省自然资源厅的要求,本次公开出版不同层级(省级、地级市)的土壤元素背景值研究专著,这也是对浙江省第三次全国土壤普查工作成果共享的支持。本书是地级市的系列成果之一,成果编制的过程中得到了丽水市及各县(市、区)自然资源主管部门的积极协助,得到了农业、环保等部门的大力支持。中国地质大学出版社为本专著的出版付出了辛勤劳动。

受水平所限,书中难免有疏漏,请读者不吝赐教!

著　者
2023 年 6 月

目 录

第一章　区域概况 (1)

第一节　自然地理与社会经济 (1)
一、自然地理 (1)
二、社会经济概况 (3)

第二节　区域地质特征 (3)
一、岩石地层 (3)
二、岩浆岩 (6)
三、区域构造 (7)
四、矿产资源 (8)
五、水文地质 (8)

第三节　土壤资源与土地利用 (10)
一、土壤母质类型 (10)
二、土壤类型 (12)
三、土壤酸碱性 (16)
四、土壤有机质 (18)
五、土地利用现状 (18)

第二章　数据基础及研究方法 (20)

第一节　1∶5万土地质量地质调查 (20)
一、样点布设与采集 (21)
二、分析测试与质量监控 (22)

第二节　土壤元素背景值研究方法 (24)
一、概念与约定 (24)
二、参数计算方法 (24)
三、统计单元划分 (25)
四、数据处理与背景值确定 (26)

第三章　土壤元素背景值 (27)

第一节　各行政区土壤元素背景值 (27)
一、丽水市土壤元素背景值 (27)
二、缙云县土壤元素背景值 (27)

三、景宁畲族自治县土壤元素背景值 …………………………………………………………… (30)
　　四、莲都区土壤元素背景值 ………………………………………………………………………… (30)
　　五、龙泉市土壤元素背景值 ………………………………………………………………………… (33)
　　六、青田县土壤元素背景值 ………………………………………………………………………… (33)
　　七、庆元县土壤元素背景值 ………………………………………………………………………… (33)
　　八、松阳县土壤元素背景值 ………………………………………………………………………… (37)
　　九、遂昌县土壤元素背景值 ………………………………………………………………………… (37)
　　十、云和县土壤元素背景值 ………………………………………………………………………… (40)

第二节　主要土壤母质类型元素背景值 ………………………………………………………………… (40)
　　一、松散岩类沉积物土壤母质元素背景值 ……………………………………………………… (40)
　　二、古土壤风化物土壤母质元素背景值 ………………………………………………………… (43)
　　三、碎屑岩类风化物土壤母质元素背景值 ……………………………………………………… (43)
　　四、紫色碎屑岩类风化物土壤母质元素背景值 ………………………………………………… (43)
　　五、中酸性火成岩类风化物土壤母质元素背景值 ……………………………………………… (47)
　　六、中基性火成岩类风化物土壤母质元素背景值 ……………………………………………… (47)
　　七、变质岩类风化物土壤母质元素背景值 ……………………………………………………… (47)

第三节　主要土壤类型元素背景值 ……………………………………………………………………… (51)
　　一、黄壤土壤元素背景值 …………………………………………………………………………… (51)
　　二、红壤土壤元素背景值 …………………………………………………………………………… (51)
　　三、粗骨土土壤元素背景值 ………………………………………………………………………… (51)
　　四、紫色土土壤元素背景值 ………………………………………………………………………… (55)
　　五、水稻土土壤元素背景值 ………………………………………………………………………… (55)
　　六、潮土土壤元素背景值 …………………………………………………………………………… (55)

第四节　主要土地利用类型元素背景值 ………………………………………………………………… (59)
　　一、水田土壤元素背景值 …………………………………………………………………………… (59)
　　二、旱地土壤元素背景值 …………………………………………………………………………… (59)
　　三、园地土壤元素背景值 …………………………………………………………………………… (59)
　　四、林地土壤元素背景值 …………………………………………………………………………… (63)

第四章　特色土地资源和耕地肥力区划 …………………………………………………………… (65)

第一节　特色土地资源开发建议 ………………………………………………………………………… (65)
　　一、天然富硒土地资源评价 ………………………………………………………………………… (65)
　　二、天然富锗土地资源评价 ………………………………………………………………………… (70)
　　三、天然富锌土地资源评价 ………………………………………………………………………… (73)
　　四、天然富硒(锗、锌)土地资源保护建议 ……………………………………………………… (76)

第二节　耕地土壤肥力提升区划建议 …………………………………………………………………… (77)
　　一、耕地土壤肥力丰缺现状分布特征 …………………………………………………………… (77)
　　二、土壤养分提升区划建议 ………………………………………………………………………… (83)

第五章　结　语

第一节　主要认识 ……………………………………………………………………………（85）
一、土壤元素背景值特征 ……………………………………………………………………（85）
二、特色土地资源开发建议 …………………………………………………………………（86）
三、耕地土壤肥力提升区划建议 ……………………………………………………………（86）
第二节　建　议 ………………………………………………………………………………（86）

主要参考文献 …………………………………………………………………………………（88）

第一章 区域概况

第一节 自然地理与社会经济

一、自然地理

1. 地理区位

丽水市(古称"处州")位于浙江省西南部、浙闽两省结合处,是浙西南的政治、经济、文化中心,介于东经118°41′—120°26′和北纬27°25′—28°57′之间。丽水市东南与温州市接壤,西南与福建省宁德市、南平市毗邻,西北与衢州市相接,北部与金华市交界,东北与台州市相连,下辖9个县(市、区),土地面积17 275km²,占全省陆地面积的1/6,是浙江省面积最大但人口最稀少的地区。

丽水市是浙西南的交通枢纽。全市新建和改造提升"四好农村路"1102km,建成美丽经济交通走廊660km。金温铁路(或称新金温铁路)已经开通运行,金丽温高速公路横贯丽水,是我国同江市至三亚市、上海市至瑞丽市两条国道主干线在浙江中部的重要连接线。G330国道横贯境内,丽浦等11条省道干线组成交通骨架,已形成以高级和次高级公路为主干的公路运输网络。丽龙高速公路、龙丽高速公路(两龙高速)已于2007年底全线开通,台缙高速也于2007年底建成开通。衢宁铁路建成通车,结束了遂昌、松阳、龙泉、庆元不通铁路的历史。衢丽铁路一期开工,丽水桐岭机场、景文高速加速推进,杭丽铁路、温武吉铁路项目前期稳步推进。瓯江航道整治主体工程完工,拥有两座500t泊位的温溪港,货轮可直达全国各大港口。

2. 地形地貌

丽水市位于浙闽隆起区,以中低山、丘陵为主,地势西南高、东北低,其中山地占88.42%,耕地占5.52%,溪流、道路、村庄等占6.06%,总体呈"九山半水半分田"的格局。山脉主要属武夷山系,分两地延入境内:北支由福建浦城县入龙泉市、遂昌县,被称为仙霞岭;南支由福建戴云山—鹫峰山入龙泉市、庆元县,被称为洞官山,向东延伸过瓯江被称为括苍山。地势由西南向东北倾斜,西南部以中山为主,间有低山、丘陵和山间谷地。全市海拔1000m以上山区面积达2 681.8km²,约占全市面积的15.52%,有山峰3573座,其中1500m以上山区面积达87.5km²,约占全市面积的0.51%,分布山峰244座。山区侵蚀作用强烈,沟壑遍布,相对高差达800~1300m。龙泉市凤阳山顶峰黄茅尖海拔1929m,庆元县百山祖海拔1856m,分别是浙江省的第一和第二高峰。东北部以低山为主,间有中山及河谷盆地。最低处为青田县温溪镇,海拔7m。平原区以小平原为主,分布在瓯江两岸,有碧湖、莲都、富岭、水阁等,是人口主要聚居区。

3. 行政区划

丽水市设莲都区1个市辖区,下辖青田县、缙云县、遂昌县、松阳县、云和县、庆元县、景宁畲族自治县

(简称景宁县)7个县以及龙泉市(代管辖),其中景宁畲族自治县是全国唯一的畲族自治县。据《2022年丽水市国民经济和社会发展统计公报》,截至2022年末,全市共有54个镇、88个乡、31个街道办事处、137个社区委员会、1890个村民委员会。截至2022年末,全市常住人口251.5万人,户籍人口269.30万人,人口密度155.9人/km²,其中城镇人口93.40万人,占比34.68%,乡村人口175.90万人,占比65.32%,男性人口137.96万人,女性人口131.34万人,男女比例105∶100。城镇化率为63.5%。

4. 气候与水文

丽水市属中亚热带季风气候区,气候温和,冬暖春早,无霜期长,雨量丰沛,具有明显的山地立体气候。年平均气温为17.8℃,1月平均气温为6.7℃,7月平均气温28.3℃。极端最高气温43.2℃,极端最低气温−10.7℃。年平均气温呈东高北低分布,东部和东南部平均气温17～18℃,北部和西北部平均气温16～17℃。极端最低气温从东部和东南部的−2～−3℃到北部和西北部的−6～−7℃,极端最高气温东部和北部差异不大。丽水市雨量充沛,年平均降雨量1 568.4mm,大致自南向北减少,在1350～2200mm之间。一年中有80%的降水出现在3—9月,其中第二季度最多,为669.7mm,第四季度最少,仅165.5mm。与周围地区相比,丽水市日照时数偏少,年日照时数1 676.6h,7月日照时数最多,达220.9h,2月最少,仅90.8h,无霜期180～280d。全市盛行东北偏东风,年平均风速在0.8～2.2m/s,在地区分布上,自东南向西北地区减小。丽水市垂直气候差异明显,总的趋势是随着海拔的升高气温下降,降水增加,形成本地区特有的低层温暖半湿润、中层温和湿润、高层温凉湿润的季风山地气候特点。春季长72～88d,气变化快,温度起伏大,多阴雨、冰雹和大风天气;夏季长102～116d,初夏梅雨期,雨量集中,暴雨次数多,常造成洪涝灾害,盛夏除偶有台风影响到局部形成雷阵雨外,以晴朗炎热天气为主,日照强,气温高,蒸发快,常有伏旱;秋季长63～69d,秋雨期短,多秋高气爽天气,常有秋旱;冬季长105～124d,西北季风盛行,寒冷干燥,北方寒潮南下,多霜冻和冰雪天气。

丽水市境内有瓯江、钱塘江、飞云江、灵江、闽江、交溪六大水系,与山脉走向平行。仙霞岭是瓯江水系与钱塘江水系的分水岭,洞宫山是瓯江水系与闽江、飞云江和交溪的分水岭,括苍山是瓯江水系与灵江水系的分水岭。各河流两岸地形陡峻,江溪源短流急,河床切割较深,水位暴涨暴落,属山溪性河流,由于落差大,水力资源蕴藏丰富。瓯江干流总长388km,境内长316km,流域面积12 985.47km²,是全市第一大江;其次为钱塘江水系,占总流域面积的14%左右,主要位于遂昌县与衢州市交界处;其他四大水系占总流域面积的10%左右。

瓯江是全市第一大江,也是浙江省第二大江,发源于庆元县与龙泉市交界的洞宫山锅帽尖西北麓,自西向东蜿蜒过境,贯穿丽水全市,由瓯江干流龙泉溪、瓯江干流大溪及青田瓯江段、瓯江支流松阴溪和二级支流、瓯江支流好溪、瓯江支流二级支流严溪和菇溪、瓯江支流小溪、瓯江支流浮云溪、瓯江其他支流构成。

瓯江干流上游段称龙泉溪,流经龙泉市、云和县,经过紧水滩水库、石塘水库、玉溪水库后在莲都区大港头镇向左汇入松阴溪后称大溪。龙泉溪干流长123.5km,集水面积2 896.7km²。大溪从大港头镇流经碧湖平原,汇入宣平溪和小安溪流经丽水市区后,向左汇入好溪,折向东南进入青田县境内,在青田县鹤城镇湖边村汇入小溪后称瓯江。大溪自大港头镇至湖边村河长94.5km,区间(包括松阴溪)流域面积6 387.9km²。瓯江上游、中游河宽一般为100～400m,下游大溪、小溪汇合后河宽一般为400～800m。瓯江流经青田县县城,在青田县温溪镇进入温州市境内。

瓯江支流松阴溪长119.2km,流域面积1 981.2km²,发源于遂昌县垵口乡北园,东北流经遂昌县城后折东南流经松阳县古市镇、西屏街道,经莲都区通济堰后汇入大溪。宣平溪又名宣平港,长77km,流域面积831km²,发源于金华市武义县白岩头尖,流经武义县、松阳县、莲都区,在莲都区港口村汇入大溪。小安溪又称太平港,长67.8km,流域面积557.8km²,发源于武义县、缙云、莲都区交界的雪峰山,西南流经武义县至莲都区进入雅溪水库(又称雅一水库),而后流经雅溪镇、小安村、太平乡,在联城街道武村汇入大溪。

瓯江支流好溪长128.9km,流域面积1 339.6km²,境内流域面积1 144.7km²,发源于磐安县南部大岗尖,西南流经缙云县壶镇镇、东方镇、仙都景区、缙云县五云街道,至丽水市区东古城汇入大溪。瓯江最大支流小溪长219.1km,集水面积3574km²,流域面积3 359.2km²,发源于庆元县大毛峰,流经庆元县、龙泉市、云和县、景宁畲族自治县、莲都区、青田县,上游段分别称为南阳溪、毛垟溪,毛垟溪和英川溪汇合后称为小溪。

二、社会经济概况

据《2022年丽水市国民经济和社会发展统计公报》,2022年全市地区生产总值1 830.87亿元,比上年增长4.0%,全市人均GDP为72 812元(按年平均汇率折算为10 825美元),比上年增长3.9%。第一产业增加值117.71亿元,第二产业增加值705.91亿元,第三产业增加值1 007.25亿元,分别增长4.4%、4.3%和3.9%。三次产业增加值结构为6.4∶38.6∶55.0。全年财政总收入280.29亿元,比上年增长3.5%。一般公共预算收入170.86亿元,比上年增长4.2%。其中,税收收入122.12亿元,比上年下降11.4%,占一般公共预算收入的71.5%。一般公共预算支出607.10亿元,比上年增长11.3%,其中民生支出444.06亿元,比上年增长9.9%,占比73.1%。

全市新增城镇就业30 499人,其中12 985名城镇失业人员实现再就业,2307名就业困难人员实现就业。全年居民人均可支配收入44 450元,比上年增长5.7%;城镇常住居民和农村常住居民人均可支配收入分别为55 784元、28 470元,分别比上年增长4.7%、7.9%。全市低收入农户年人均可支配收入16 734元,比上年增长16.3%。全年居民人均生活消费支出32 586元,比上年增长7.2%。其中,城镇常住居民和农村常住居民人均生活消费支出分别为38 975元和23 577元,分别比上年增长6.3%、9.1%。

丽水市是全国文明城市、国家级生态示范区、国家级生态保护与建设示范区、中国优秀旅游城市、中国优秀生态旅游城市、浙江省森林城市(城镇)、浙江高质量发展建设共同富裕示范区首批试点之一,生态环境质量为浙江省第一,居中国前列。

第二节　区域地质特征

丽水市位于浙江西南部,大地构造隶属华南加里东褶皱系丽水-宁波隆起西南部遂昌-龙泉隆起区,为华夏古陆的北东部分。全市地层出露齐全,构造发育,火山岩浆活动较为频繁,出露地层由老到新有古元古界八都群和中元古界龙泉群变质岩系、中生界侏罗系沉积-火山岩系和白垩系火山-沉积岩系、新生界第四系。其中,中生界磨石山群火山岩系和元古宇变质岩地层最为发育,分布范围最广。

一、岩石地层

丽水市属华南地层区,主要由两大地层单元组成。其一是元古宙的基底地层,分布于龙泉市、遂昌县、松阳县等地,总面积大于1200km²,主体为中—深变质相的片岩、片麻岩、混合岩系,易风化,表现为中低山缓坡地貌。其二为中生代火山-沉积岩盖层岩系,时代分属早侏罗世、中侏罗世和白垩纪,出露面积约占全市总面积的85%以上,火山岩多为中酸性凝灰岩和熔岩,表现为中山陡峻地貌;沉积岩多为火山碎屑岩的夹层,层间结合力一般较差,大多反映为丘陵地貌。新生界松散沉积物厚度不大,散布在河谷和山间盆地中。具体分布地层有前寒武系、古生界变质岩及中生界火山岩、火山碎屑沉积岩及大面积第四系。丽水市地层划分见表1-1。

表1-1 丽水市地层划分表

年代地层			岩石地层		代号	岩性组合特征
界	系	统	群	组		
新生界	第四系	全新统		鄞江桥组	Qhy	可见明显的二元结构：下部一般为灰黄色、灰白色砾石层、含砂砾石层、砂砾层；上部为灰黄色、土黄色亚砂土层,厚度为1~3m
		更新统		莲花组	Qpl	下部为深土黄色碎石、块石层,上部为土黄色含砂砾亚黏土层
中生界	白垩系	上白垩统	天台群	赤城山组	K_2cc	主要为紫红色砾岩、砂砾岩夹含砾粉砂岩、粉砂岩及少量流纹质含角砾玻屑凝灰岩
				两头塘组	K_2l	为紫红色砂岩、粉砂岩夹砂砾岩和砾岩,上部夹多层流纹质玻屑凝灰岩
				塘上组	K_2t	为一套以喷发沉积相和空落相为主的酸性火山碎屑岩夹熔岩和沉积岩,主要岩性有流纹质晶屑玻屑熔结凝灰岩、流纹质含角砾玻屑凝灰岩、流纹质含角砾玻屑熔结凝灰岩、流纹质晶屑玻屑凝灰岩、英安(汾)岩、安山质角砾熔岩及沉角砾凝灰岩、凝灰质砂岩和砂砾岩等
		下白垩统	永康群	方岩组	K_1f	为一套冲积扇相块状—厚层状紫红色砾岩夹砂砾岩、含砾粗砂岩及粉砂岩
				朝川组	K_1cc	为一套以河流相、湖泊相沉积为主的红色碎屑岩,主要岩性为砾岩、砂岩、粉砂岩、泥岩间互,局部夹火山岩夹层
				馆头组	K_1gt	底部为一套冲积扇-河流相砾岩、砂岩,中部为内陆湖相砂岩、粉砂岩、泥岩、泥灰岩间互,局部间夹灰岩和中性熔岩,上部为双峰式中基性熔岩(玄武岩、安山岩)和酸性熔岩(流纹岩、流纹质角砾熔岩)
			磨石山群	九里坪组	K_1j	岩性以喷溢形成的酸性熔岩(流纹岩、流纹质角砾熔岩)为主,局部间夹流纹质熔结凝灰岩及火山沉积岩
				茶湾组	K_1c	出露于破火山或火山洼地中,不同地方岩性组合各异,可为单一的沉积岩组合,也可为熔结凝灰岩与火山沉积岩间互,沉积岩比重很大
				西山头组	K_1x	岩性主要为流纹质玻屑、晶玻屑熔结凝灰岩间夹流纹质玻屑凝灰岩、沉凝灰岩、粉砂岩、泥岩、页岩等火山沉积层,局部见流纹质(含角砾)晶玻屑熔结凝灰岩及含角砾玻屑熔结凝灰岩
				高坞组	K_1g	总体岩性较单一,主要为流纹质晶屑熔结凝灰岩、晶玻屑熔结凝灰岩,局部地段尚见流纹质晶屑玻屑凝灰岩,偶夹薄层状、透镜状流纹质玻屑凝灰岩、沉凝灰岩及凝灰质砂岩。火山碎屑物以晶屑粗大、含量高为特色
				大爽组	K_1d	主要为一套流纹质玻屑凝灰岩,局部为流纹质含角砾玻屑凝灰岩、含角砾岩屑凝灰岩及角砾凝灰岩,偶夹沉凝灰岩、泥岩、砂岩等薄层
	侏罗系	中侏罗统		毛弄组	J_2mn	以灰色长石粗、中砂岩、含砾长石粗砂岩、灰白色长石石英粗砂岩、含砾长石石英粗砂岩为主,夹长石石英细砂岩、灰黄色—灰黑色粉砂岩、泥岩、流纹质晶屑凝灰岩、沉凝灰岩、沉玻屑凝灰岩及少量灰白色砾岩、砾质砂岩、灰色岩屑杂砂岩等
		下侏罗统		枫坪组	J_1f	为陆相含煤碎屑岩建造,岩性以黄色—白色岩屑长石石英砂岩和石英砂岩为主,夹薄层粉砂岩、岩屑石英杂砂岩、泥岩、碳质页岩、薄煤层

续表1-1

年代地层			岩石地层		代号	岩性组合特征
界	系	统	群	组		
中元古界			龙泉群	青坑组	Pt_2q	主要由频繁交替变化的二云变粒岩、二云石英片岩、二云片岩组成，韵律性沉积特征显著。下段岩性组合较复杂，包括绿帘斜长角闪岩、透辉石岩、含磁铁石英岩、云母片岩、二云(斜长)变粒岩夹浅粒岩
				万山组	Pt_2w	下段主要由条带状—条纹状黑云(斜长)变粒岩或条带状二云斜长浅粒岩和多层厚层状绿帘斜长角闪岩组成，局部夹白云质大理岩；上段主要由具有韵律性沉积特征的二云变粒岩、二云石英片岩、二云片岩和条带状含磁铁石英岩组成
				南弄组	Pt_2n	岩性组合为二云(黑云)变粒岩、二云石英片岩、(绿帘)斜长角闪岩、大理岩，其中大理岩是本组的标志性岩石
				汤源组	Pt_2t	主要岩性包括斜长角闪岩、角闪岩、角闪斜长次透辉石岩、含榴黑云斜长变粒岩、含榴黑云长石石英变粒岩，偶见夕线黑云片岩
古元古界			八都群	大岩山组	Pt_1d	岩性较单一，以黑云片岩、黑云石英片岩为主，局部可过渡为黑云斜长片麻岩
				泗源组	Pt_1s	以黑云条带状混合岩为主，基体主要岩性有黑云变粒岩、黑云斜长变粒岩、长石石英岩、浅粒岩、黑云石英岩、黑云片岩等
				张岩组	Pt_1z	代表性岩石组合为黑云石英片岩、黑云斜长石英岩、黑云片岩和黑云变粒岩，混合岩化强烈
				堑头组	Pt_1q	呈不同构造形态的混合花岗质岩石外貌，基体以黑云斜长变粒岩类为主，局部出现角闪斜长变粒岩、细粒含辉石斜长角闪岩等

1. 八都群

八都群自下而上分为堑头组、张岩组、泗源组、大岩山组，是一套以混合岩化片麻岩为主夹片岩、变粒岩层的变质岩系地层。八都群主要分布于龙泉市、遂昌县及松阳县部分地域。

2. 龙泉群

龙泉群自下而上分为汤源组、南弄组、万山组、青坑组，是一套以片岩为主夹变粒岩、大理岩、磁铁石英岩的浅变质岩系地层。龙泉群零星分布于龙泉市南青坑—查田一带及景宁县敕木山、庆元县源头等局部地段。

3. 侏罗系

侏罗系可分为下统枫坪组陆相沉积岩和中统毛弄组陆相沉积岩两套。枫坪组分布于龙泉市花桥、松阳县枫坪等地，为陆相含煤碎屑岩建造，岩性以含砾石英砂岩为主，夹薄层粉砂岩、泥岩、碳质页岩、薄煤层。中统毛弄组零星出露于松阳县毛弄、小槎、内陈，云和县杨家山、陈源头，莲都区朱村，青田县陈村洋及龙泉市宝鉴，为一套含山火岩的陆相含煤沉积地层，岩性由砂岩、粉砂岩、砂砾岩、凝灰岩及薄煤层组成。

4. 白垩系

白垩系分为上、下两统，下统包括磨石山群沉积-火山岩和永康群火山-沉积岩，上统为天台群火山-沉积岩。磨石山群可分为5个岩性段，自下而上分别为大爽组、高坞组、西山头组、茶湾组、九里坪组，主要是一套岩性复杂的火山碎屑岩和熔岩夹沉积夹层，分布极广。永康群包括馆头组、朝川组和方岩组，分布于丽水市、云和县、松阳县、老竹镇、壶镇镇等地区的沉积盆地中,岩性以砂岩、粉砂岩、砂砾岩、砾岩为主,夹双峰式熔岩和少量凝灰岩。天台群包括塘上组、两头塘组和赤城山组,分布于丽水市、壶镇镇的构造盆地中,下部岩性为以喷发沉积相和空落相为主的酸性火山碎屑岩夹熔岩和沉积岩,上部岩性主要为紫红色沉积岩夹少量凝灰岩。

5. 第四系

丽水市第四系发育主要受地貌、新构造运动控制,多为以冲积、洪积为主的陆相沉积地层,展布于沟谷盆地与山间盆地中,沉积厚度不大。

二、岩浆岩

1. 侵入岩

丽水市侵入岩出露较多,大多呈岩株产出,且多为复式岩体,面积大于 $100 km^2$ 的岩基少见。在区域上,因所处构造环境不同,各期岩浆活动特征亦有较大差异。岩石种类较齐全,超镁铁质、镁铁质岩、中性岩、中酸性岩、酸性岩及碱性岩等均有不同程度发育,尤以酸性岩、中酸性岩分布最为广泛。按侵入时代,侵入岩可划分为吕梁期、晋宁期、加里东期、印支期、燕山期及喜马拉雅期,其中以燕山期最为发育。

吕梁期:侵入岩主要出露于龙泉市淡竹、景宁县敕木山和渤海、松阳县里庄、遂昌县大柘等地,有混合型和变质型两类。混合型花岗岩体主要有混合花岗闪长岩、混合石英二长岩及混合花岗岩等。岩体与围岩界线不明显或呈渐变过渡接触,含有大量的围岩捕虏体和大量的石榴子石等变质矿物。变质型花岗岩体主要有斜长角闪质片麻岩、花岗闪长质片麻岩、黑云斜长(二长)质片麻岩及花岗质片麻岩等,因后期变质变形改造,岩体与围岩间一般具构造接触关系,变质型花岗岩体原岩推测为中基性、中酸性及酸性岩类,经区域变质而成。

晋宁期:超基性岩主要见于龙泉市狮子坑等地,主要岩性为蛇纹石化橄榄岩、辉石橄榄岩。酸性岩主要见于龙泉市、松阳县大岭头和玉岩等地,岩性主要为变质二长花岗岩、石英闪长岩、花岗闪长岩等,分布与变质岩有密切的空间关系。

加里东期:侵入岩主要分布于龙泉市的变质岩出露区,表现为混合花岗质岩浆作用,除局部见闪长岩外,其余均为混合斜长花岗岩、混合石英二长岩、混合二长花岗岩及混合花岗岩等,分布与变质岩有密切的空间关系。

印支期:侵入岩见于遂昌县翁山等地,岩石类型主要为混合二长花岗岩、混合石英闪长岩,空间分布与变质岩关系密切。

燕山期:燕山早期侵入岩多呈岩株、岩枝产出,按产出次序可分为4次侵入。第一次以辉长岩、闪长岩、石英闪长岩、花岗闪长岩及石英二长岩等为主,在后两类岩体中常见石英闪长质或闪长质暗色包体,成因以陆壳同熔型为主。第二次以中粒、中细粒黑云母花岗岩为主。第三次为细粒花岗岩及细粒二长花岗岩。第二、第三次花岗岩成因以陆壳改造型为主。第四次为(碱长)石英正长(斑)岩、正长(斑)岩,其中洪公岩体中含有暗色包体,成因为陆壳同熔型。

晚期侵入岩分布主要受火山洼地及破火山等火山构造、断陷盆地及区域性断裂控制,按侵入体之间的接触关系,可进一步划分为4次。第一次以石英闪长岩为主,其次有零星分布的闪长(玢)岩、辉长岩及辉长辉绿岩等。第二、第三次分别为石英二长岩,花岗闪长岩,二长花岗岩及中粒、中细粒花岗岩,前三者从未见相互侵入的接触关系,疑为相变或同时、同源分异的产物。第四次主要为碱性花岗岩。

2. 火山岩

丽水地区火山岩十分发育,尤以早白垩世早期火山岩分布最广,构成区内火山岩的主体。火山岩岩性复杂,基性至酸性均有发育,以酸性火山碎屑岩为主,共划分为4个喷发旋回(表1-2)。

表 1-2　丽水市火山活动旋回划分表

时代	旋回	阶段	地层	代号	火山活动特征	主要岩性岩相特征
晚白垩世	Ⅳ		两头塘组	K_2l	局限于盆地中,以酸性火山活动爆发为特征,分布范围小	主要为火山碎屑流相凝灰岩,局部夹沉积相沉凝灰岩
			塘上组	K_2t	长间隔、短暂爆发	主要为爆发的角砾凝灰岩、溢流相流纹岩,局部夹火山沉积岩
早白垩世晚期	Ⅲ	第二阶段	朝川组	K_1cc	局限于盆地中,以酸性火山活动爆发为特征,分布范围小	侵出相辉绿玢岩、空落相凝灰岩
		第一阶段	馆头组	K_1gt	局限于盆地中,以双峰式火山活动为特征,与第三旋回存在明显阶段	喷溢相玄武岩、安山岩、流纹岩,空落相凝灰岩
早白垩世早期	Ⅱ	第二阶段	九里坪组	K_1j	火山喷溢爆发,规模较大	主要为喷溢相及侵入相流纹岩、球泡流纹岩、流纹斑岩
		第一阶段	茶湾组	K_1c	间歇性喷发,火山活动较弱	以湖相沉积为主,凝灰质砂砾岩、页岩、玻屑凝灰岩
	Ⅰ	第三阶段	西山头组	K_1x	间歇性火山活动	主要为火山碎屑流相酸性晶屑玻屑熔结凝灰岩、空落相流纹质凝灰岩和沉积岩交互出现
		第二阶段	高坞组	K_1g	强烈的火山爆发,规模大、范围广,间歇期不明显	主要为火山碎屑流相酸性晶屑玻屑熔结凝灰岩,局部夹空落相流纹质凝灰岩
		第一阶段	大爽组	K_1d	间歇性火山喷溢	主要为火山碎屑流相、喷发-沉积相凝灰岩、沉积岩

三、区域构造

丽水市大地构造位置属华南褶皱系浙东南褶皱带,位于丽水-宁波隆起南段的龙泉-遂昌断隆、江(山)-绍(兴)深大断裂南东侧,褶皱构造不明显,构造断裂发育。丽水-余姚深大断裂带穿过丽水市,北东向、北北东向断裂以及北西向断裂构成本区的基本框架。

丽水-余姚深大断裂在丽水市最为醒目,该断裂带总体呈北北东走向,但断裂带内部北东向、北北东向的断裂错综复杂,断裂带的宽度也变化较大,最窄处宽度不到10km,宽的地方达30km,平面上酷似香肠状构造。主干断裂为家地-潘坑断裂,从景宁县西侧往南南西向延伸,进入福建省寿宁县西侧。丽水-余姚断裂自丽水往南其断裂带呈帚状向西南方向发散,形成一条更加宽大的断裂带,带内的断裂密度比其他地方稀疏,该帚状发散的断裂带延伸到福建省与大埔-政和断裂相连,浙闽两省交界处是断裂带的膨胀部位,即为香肠状构造或构造透镜体的最厚部位。另外,从浙江丽水到福建政和这一地段,不同方向的断裂构造发育,造成地表断裂形迹复杂化,北东向的鹤溪-奉化大断裂对丽水-余姚断裂的形成和发展有一定的影响,政和一带有松溪-宁德北西向断裂通过,景宁县北侧有松阳-平阳北西向断裂通过,而云和县、景宁县一带又有南北向云和-寿宁断裂通过。早期北东向断裂的影响和后期多组断裂的活动改造,使丽水-余姚断裂在该地段的表现形迹趋于复杂化。

北西向构造带:山门-遂昌大断裂,主要有遂昌县关塘至龙泉市安仁至景宁县白鹤断裂带,松阳县古市至景宁县渤海构造带,青田县海溪至石平川断裂带,沿景宁县、云河县、松阳县、遂昌县一带分布,出露长度100km。

其他断裂多是由上述断裂次生或派生而形成。断裂构造对中生代以来的地质、地貌及地质灾害都有不同程度的控制作用。火山活动形成的火山构造如火山穹隆、火山洼地、破火山口、火山通道等，对周围的岩石组成和构造活动有一定影响，也是地质灾害发生的客观条件之一。

四、矿产资源

丽水市矿产资源较丰富，发现有金、银、铅锌、钼、稀土、叶蜡石、萤石、沸石、高岭土、珍珠岩、陶瓷黏土、花岗岩石材、建筑用凝灰岩等57种，其中金属矿产25种，非金属矿产30种，水气矿产2种。丽水市大型矿床14个，中型矿床35个，小型矿床145个，矿点421个。金（银）、钼、稀土、叶蜡石、高岭土、沸石、珍珠岩等矿产资源量居全省首位。

丽水市主要开发利用的矿种有金、银、铁、铅锌铜多金属、钼、萤石、叶蜡石、高岭土、饰面用花岗岩以及普通建筑用石料等21种。现采矿证在有效期内的矿山有107家，2020年全市矿山累计开采量1 344.6万t（工程性矿山除外），矿业产值15.8亿元，上缴税金2.1亿元，总利润1.7亿元。矿山开采以非金属为主，萤石、叶蜡石、高岭土、饰面用石材和普通建筑用石料矿山80家，占矿山总数74.8%，矿业总产值10.7亿元，占67.7%，上缴税金1.6亿元，占76.2%，利润1.6亿元，占94.1%。金矿有2家矿山；铁矿开采风化壳型低品位砂矿现有4家，均为露天矿山，分布在龙泉市、庆元县；钼矿共8家矿山，主要分布在青田县、松阳县、莲都区等地；铅锌铜多金属矿规模都较小，仅3家矿山；稀土矿主要分布于庆元县和松阳县；萤石主要分布于遂昌县、龙泉市、缙云县，现有32家矿山；叶蜡石主要分布于青田县、云和县、龙泉市等地，共有矿山12家；沸石、珍珠岩和条石主要分布于缙云县；饰面用石材主要分布于遂昌县、青田县；普通建筑石料矿山共有27家；地热主要分布在遂昌县湖山乡、缙云县前路乡、龙泉市八都镇等地的萤石矿中；矿泉水目前有缙云县、青田县的2家生产企业。

五、水文地质

(一)地下水类型

丽水市地下水类型主要为松散岩类孔隙潜水、红色碎屑岩类孔隙-裂隙水和基岩裂隙水3类。

1. 松散岩类孔隙潜水

松散岩类孔隙潜水主要分布在全新统冲积砂砾、砾、卵石含水层与中更新统、上更新统亚黏土、亚砂土含水层中。

(1)全新统冲积砂砾、砾、卵石孔隙潜水：主要分布在瓯江上、下游及较大支流的河漫滩，含水层岩性以砂砾、砾、卵石为主，透水性强，厚度为1～10m不等。潜水埋深一般为1～3m，取水条件良好。水化学类型以HCO_3-Ca型为主，天然水质良好，无超标组分，溶解性总固体(TDS)含量一般小于0.2g/L。水量丰富，单井出水量一般大于1000m^3/d。但本含水层上部无明显隔水层，极易受污染，与地表水联系密切，水位埋深丰、枯季变化较明显，丰水期地表水补给地下水，枯水期地下水补给地表水。由于水量大、水质好、埋藏浅，此潜水除作为农村家庭分散式供水水源外，也常常被许多厂矿企业、乡村自来水厂开采，作为集中供水水源。

(2)中更新统、上更新统亚黏土、亚砂土孔隙潜水：广泛分布于山区河漫滩地带，含水层岩性以亚黏土、亚砂土为主。潜水埋深一般为1～3m，水质良好，无超标组分，TDS一般小于0.15g/L。水量贫乏，单井出水量一般为10～100m^3/d，部分地段小于10m^3/d。潜水水质好，埋藏浅但水量小，常作为农村家庭分散式供水水源。

2. 红色碎屑岩类孔隙-裂隙水

红色碎屑岩类孔隙-裂隙水主要分布在丽水盆地、壶镇盆地等区域。含水层为下白垩统馆头组、方岩组的砂岩、粉砂岩、砾岩。含水层具有一定层位，砂岩、粉砂岩、砾岩孔隙是储水空间，构造裂隙起一定导水作用，有统一承压水面，原始承压水头高于含水层顶板。水量大小主要受含水层厚度控制，单井出水量一般为 $100\sim600m^3/d$。水质由补给区向径流区及深部变差，补给区 TDS 一般为 $0.2\sim0.4g/L$，水化学类型以 $HCO_3-Ca\cdot Na$ 型为主；径流区及深部 TDS 一般大于 $0.5g/L$，甚至达 $2\sim3g/L$，水化学类型以 $SO_4\cdot HCO_3-Ca\cdot Na$、$SO_4-Ca\cdot Na$ 型为主。

3. 基岩裂隙水

基岩裂隙水分布于盆地周边中低山区，主要亚类为以砂（页）、泥（硅）质岩类为主的层状岩类裂隙水，以火山岩类为主的块状岩类构造裂隙水，以变质岩类、侵入岩石类为主的风化网状裂隙水等。基岩裂隙水 TDS 一般小于 $0.2g/L$，水质良好，无超标组分，口感好。以砂（页）岩、泥（硅）质岩类为主的层状岩类裂隙水泉流量一般小于 $0.1L/s$，局部为 $0.1\sim1.0L/s$，水化学类型以 HCO_3-Ca、$HCO_3-Ca\cdot Mg$ 型为主。以火山岩为主的块状岩类构造裂隙水泉流量一般小于 $0.1L/s$，局部大于 $1.0L/s$，水化学类型以 HCO_3-Ca、$HCO_3-Ca\cdot Na$ 型为主。以变质岩类、侵入岩类为主的风化网状裂隙水泉流量一般小于 $0.1L/s$，局部为 $0.1\sim1.0L/s$，水化学类型以 HCO_3-Ca、$HCO_3-Ca\cdot Mg$、$HCO_3-Ca\cdot Na$ 型为主。

基岩裂隙水往往以泉的形式排泄，水量较小，大部分小于 $0.1L/s$，但水质优良，往往可达到一级饮用水源标准。个别断裂带附近或山间洼地，可能出现局部富水地段，可作为山区居民生活饮用水源。

（二）地下水补给、径流、排泄

丽水地区充水水源有大气降水、地表水。大气降水少部分补给浅部第四系残坡积孔隙水及基岩裂隙水，大部分汇集沟谷溪流。地下水通过泉、井涌出，经地表径流排泄。

1. 第四系松散堆积层补给、径流、排泄

在雨季及平水季节，主要由大气降水和地表水补给孔隙潜水，在枯水季节，地表水水位下降，甚至断流，此时则主要由山区基岩地下水补给。

孔隙潜水主要埋藏在沟谷、山麓斜坡地带，径流途径短，水力坡度较大，一般均由山麓斜坡地带汇入沟谷中，再顺含水层由上游向下游运动。

孔隙潜水排泄于溪沟、阶地前缘陡坎，在低洼处以下降泉方式泄出，沿途蒸发，在下游地段补给深部孔隙承压水。

2. 基岩区补给、径流、排泄

基岩区地下水以红层孔隙裂隙水、基岩裂隙水为主。

红层孔隙裂隙水多低丘台地，降水后不易流失，一般接受大气降水的垂向渗入补给。该地下水径流较短，以水平运动为主，在局部地形坡度较大区域可由高至低运动，但水力坡度一般较小，运动较迟缓。

基岩裂隙水包含构造裂隙水和风化网状裂隙水。

构造裂隙水主要接受大气降水补给，局部接受基岩裂隙水和地表片流沿断裂带侧向补给。径流在横向上沿断裂带走向，在导水裂隙连通性较好的区域有一定的径流途径，但大部分沿构造带纵向流动，并以侵蚀下降泉和少量上升泉排泄于地表。

风化网状裂隙水主要接受大气降水补给，整体风化程度一般，埋藏较浅，径流途径一般较短。特别是浅部的风化带网状裂隙水，多为就地补给、就地排泄，无明显的径流区的地下水流向基本与地形起伏一致。

第三节 土壤资源与土地利用

一、土壤母质类型

地质背景决定了成土母质或母岩，是除气候、地貌、生物等因素之外，是土壤形成类型、分布及其地球化学特征有影响的关键因素。土壤母质，即成土母质，是指母岩（基岩）经风化剥蚀、搬运及堆积等作用后于地表形成的松散风化壳的表层。因此，成土母质对于母岩具有较强的承袭性。成土母质又是形成土壤的物质基础，对土壤的形成和发育具有特别重要的意义，在一定的生物、气候条件下，成土母质的差异性往往成为土壤分异的主要因素。

按岩石的地质成因及地球化学特征，丽水市成土母质可划分为2种成因类型7种成土母质类型。母质成因类型包括运积型成因和残坡积型成因，其中运积型成因的成土母质类型为松散岩类沉积物，残坡积型成因的母质类型总体划分为古土壤风化物、碎屑岩类风化物、紫色碎屑岩类风化物、中酸性火成岩类风化物、中基性火成岩类风化物、变质岩类风化物6类（表1-3，图1-1）。

表1-3 丽水市主要成土母质分类表

成因类型	成土母质类型	地形地貌	主要岩性与岩石类型特征
运积型	松散岩类沉积物	河谷	河流相冲积、冲（洪）积沉积物
残坡积型	古土壤风化物	山地丘陵区	红土、网纹红土等古土壤风化物
	碎屑岩类风化物		凝灰熔岩、富晶屑凝灰岩风化物
	紫色碎屑岩类风化物		非钙质紫色泥岩、粉砂质泥岩、砂（砾）岩类风化物
	中酸性火成岩类风化物		中酸性火山碎屑岩类风化物
	中基性火成岩类风化物		中基性侵入岩类风化物、中基性喷出岩类风化物
	变质岩类风化物		中深变质岩类风化物

1. 松散岩类沉积物

松散岩类沉积物主要分布在松阳县—古市镇一带、缙云县北西、莲都区南西等山间河谷、盆地地带。受流水作用，成土母质经基岩风化后，存在一定的搬运距离，按搬运距离由近到远，沉积物颗粒逐渐由粗变细，岩石物质成分混杂。松散岩类沉积物主要岩性为河流相冲积、冲（洪）积沉积物。河流上游为粗砂及少量砾石，成土时间短，土体浅薄，质地为砂质壤土—壤质砂土，含砂量高，pH为3.42～7.59，酸碱度呈酸性—中性，养分总体较低，结构差，蓄水性较差，农业利用差，常见土壤类型为潮土。河流中下游地区主要为粉砂、泥质粉砂，粒度较细，土体总体较厚，质地均一、黏细，以壤黏土为主，酸碱度呈酸性—中性，养分总体较为丰富，耕性好，蓄水性较好，适宜种植。主要的土壤类型为潮土和水稻土。

2. 古土壤风化物

古土壤风化物零星分布在丽水市莲都区南西侧，缙云县北东侧河谷两岸、山前和山麓地带，呈条带状，形成于晚更新世，以洪积、冲洪积为主。岩性以砂土、亚黏土为主，土体厚一般在1m左右，整体较厚，较为

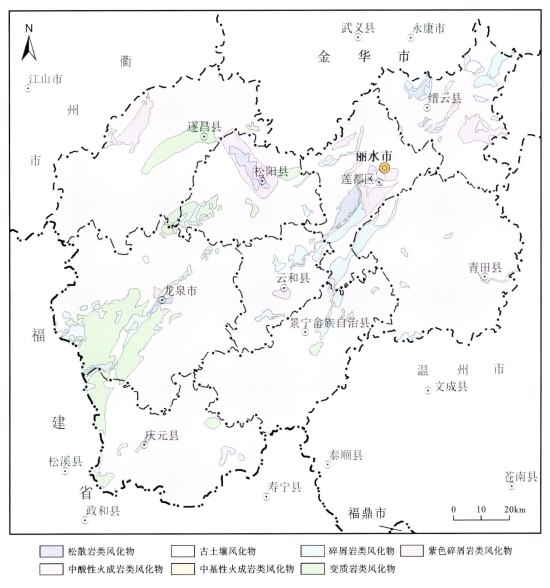

图1-1 丽水市不同土壤母质分布图

疏松,质地为砂质黏壤土。pH为4.04～7.76,呈酸性—中性,养分总体较低,有机质含量偏低,通透性好,易旱,质地适中的缓地地区适宜种植。主要的土壤类型为红壤。

3. 碎屑岩类风化物

碎屑岩风化物小面积分布于缙云县东北、龙泉市—庆元县、云和县—莲都区一带,主要在磨石山群中。岩性主要为凝灰岩,易于风化,土层厚度一般60cm以上,半风化体厚度可达2m,较厚,质地为黏壤土—壤质黏土。pH为3.81～6.0,呈酸性,养分总体一般,有机质含量偏低,石英含量较高,土层疏松,通透性好,缓地地区土地利用以旱地及园地为主。主要的土壤类型为红壤和粗骨土。

4. 紫色碎屑岩类风化物

紫色碎屑岩类风化物呈小面积分布,主要分布在莲都区南、缙云县东、松阳县—古市镇一带以及遂昌县西中生界紫红色沉积岩中,出露在大小不一的盆地中。岩性主要为砂岩、粉砂岩、泥页岩等,易于风化,易被侵蚀,土层较浅,厚度大部分小于1m,剖面多为A-C型,B层不明显,质地为砂质黏土—黏土,以壤黏土为主。pH为3.47～6.48,呈酸性,养分总体偏低,有机质含量较高,石英含量较高,土层疏松,排水、渗透性好,土地利用以旱地和园地为主,水土流失较为严重。主要的土壤类型为酸性紫色土。

5. 中酸性火成岩类风化物

中酸性火成岩类风化物呈大面积分布在丽水全市。岩性主要为英安质、英安流纹质等凝灰岩或熔岩,易于风化,土层整体较厚,一般在1m以上,局部区域较薄,质地均一、黏细。pH为3.99～5.97,呈酸性,微量元素丰富,养分总体丰富,有机质含量较高,蓄水性、渗透性较好,适宜种植,局部区域水土流失较重。主要的土壤类型为红壤、粗骨土。

6. 中基性火成岩类风化物

中基性火成岩类风化物零星分布在缙云县、青田县和龙泉市,分布面积较小,包括侵入相和喷发相。岩性主要为安山岩、粗面岩、闪长岩以及玄武岩,易于风化,土层整体较厚,多数在0.7m以上,局部区域可达2m,剖面发育完整,分化明显,质地以黏土为主。pH为3.8～6.18,呈酸性,养分总体丰富,矿物成分丰富,有机质含量较高,蓄水性较好,渗透性较差,适宜种植,但耕期短。主要的土壤类型为红壤、黄壤。

7. 变质岩类风化物

变质岩类风化物集中分布在龙泉市南西侧区域、遂昌县东、庆元县西以及遂昌县—松阳县—龙泉市交界处,松阳县城、景宁畲族自治县城周边、青田县均有零星分布,均分布在古—中元古界中。主要岩性为片麻岩、片岩、变粒岩和混合岩类等,易于风化,土层整体较厚,可达数十米,剖面发育完整,分化明显,质地黏重,为壤质黏土。pH为4.18～5.92,呈酸性,因岩性较杂,矿物成分包含丰富的铁镁等矿物,养分总体丰富,有机质含量较高,质地适中,适宜种植,尤其是毛竹和杉树。主要的土壤类型为红壤、黄壤。

二、土壤类型

1979—1985年第二次土壤普查表明,丽水市共有7个土类13个亚类以及36个土属。土壤分布主要受地貌因素的制约,随地貌类型和海拔的不同而变化,成土环境复杂多变,土壤性质差异较大。丽水市土壤中,红壤分布最广,约占土壤总面积的41.40%;黄壤和粗骨土次之,分别占土壤总面积的25.18%、24.50%;水稻土约占土壤总面积的7.08%,紫色土、基性岩土和潮土面积占比总数在2%以下(表1-4,图1-2)。

1. 红壤

红壤土类主要分布在海拔700m以下的低山丘陵区,面积占丽水市土壤总面积的41.40%。该土类母质类型多样,除紫红色砂砾岩和泥岩、页岩风化母质及全新世沉积母质外,几乎市域内出露的所有母质上均有红壤发育。在红壤形成和发育过程中,土体经历了强烈的风化淋溶作用和脱硅富铝化作用,原生矿物被强烈分解,形成了以高岭石为主的土壤次生黏粒矿物,铁铝物质富集明显。土体的黏粒硅铝率(k)低,黏粒中氧化铁含量10%左右,赤铁矿化显著,土体一般呈均匀的红色。由于盐基物质大量淋失,土壤呈强酸性—酸性,pH为4.01～5.96。

根据地形、母质及成土过程的不同,全市红壤土类分为红壤、黄红壤和红壤性土3个亚类。

(1)红壤:发育在第四系红土砾石层和凝灰岩、流纹岩等的风化物上,具有红壤土类的典型特征。主要分布在河谷阶地、谷口古洪积扇以及低丘缓坡或坡麓地带。该亚类土壤土层深厚,多达1m以上,土体呈红色和棕红色,剖面发育良好。其中,发育于第四系红土砾石层的土体下部出现红白相间的网纹层。土体呈强酸性,pH为5.0左右。质地多为壤质黏土—黏土,土壤黏粒含量在30%以上,黏粒矿物以高岭石和三水铝石为主。该亚类按母质变化又分为红松泥、红黏泥、砂黏质红泥、黄筋泥、红泥土5个土属。

表 1-4 丽水市土壤类型分类表

土类	亚类	土属	分布与母岩母质类型	占比/%
红壤	黄红壤	黄泥土	大面积分布于山地丘陵区，成土母岩母质类型多样，主要有火山岩、变质岩、碎屑岩、侵入岩等，局部为第四系网纹状红土及山间谷口的冲洪积物等	41.40
		黄黏泥		
		黄红泥土		
		黏砂质黄泥		
	红壤性土	红粉泥土		
		灰黄泥土		
	红壤	红松泥		
		红黏泥		
		砂黏质红泥		
		黄筋泥		
		红泥土		
水稻土	渗育水稻土	泥砂田	主要分布于盆地、河流两侧及山地峡谷、丘陵山垄的低洼处。母岩母质类型主要为河流冲洪积物，局部为残坡积物等	7.08
		培泥砂田		
	潴育水稻土	泥质田		
		黄泥砂田		
		洪积泥砂田		
		黄斑田		
		紫泥砂田		
		红紫泥砂田		
		老黄筋泥田		
	潜育水稻土	烂泥田		
	淹育水稻土	红泥田		
		涂泥田		
		红砂田		
		黄筋泥田		
黄壤	黄壤	山黄泥土	主要分布于中低山区的中上部，母岩母质类型多为火山岩、变质岩、侵入岩等	25.18
		砂黏质山黄泥		
粗骨土	酸性粗骨土	石砂土	主要分布于低山丘陵陡坡地段，主要母岩母质类型为火山岩、碎屑岩等	24.50
		白岩砂土		
		片石砂土		
基性岩土	基性岩土	棕泥土	小面积分布于低山区，母岩母质多为第三纪（古近纪+新近纪）玄武岩	0.32
紫色土	石灰性紫色土	红紫砂土	大面积分布于盆地中，主要母岩母质类型为紫红色碎屑岩	1.25
		紫砂土		
	酸性紫色土	酸性紫砾土		
潮土	灰潮土	淡涂泥	主要分布于水体周边，主要母岩母质类型为湖沼相松散沉积物	0.27
		泥砂土		

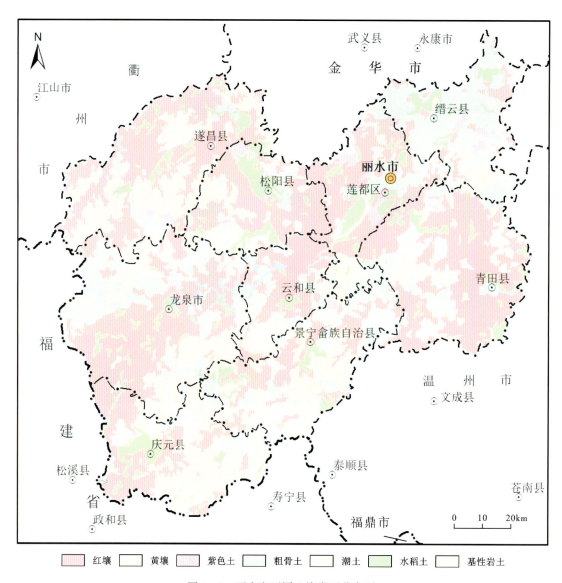

图1-2 丽水市不同土壤类型分布图

注：基性岩土分布面积较小，占比极小，仅在景宁畲族自治县两侧少量分布。

（2）黄红壤：是分布最广的土壤亚类，占红壤土类面积的79.65%，占丽水市土壤总面积的32.97%。黄红壤亚类是红壤土类向黄壤土类过渡中的产物，广泛分布在海拔150～700m的低山丘陵区。在山地垂直带中，分布高度在红壤亚类之上、黄壤土类之下。黄红壤亚类的母质以酸性岩浆岩和砂页岩、泥岩等风化的残坡积物为主，另有部分发育在第四系上更新统红土上。该亚类土壤红化作用较弱，赤铁矿聚积不明显，土体呈黄红色。土体呈微酸性，pH为5.5～6.0。该亚类土壤所处地形破碎，坡度较陡，侵蚀扰动较大，土体内常有较多的岩石风化碎屑，土层较薄，显示出砾质性和薄层性，剖面分化不明显，质地多为重石质黏壤—壤黏土。该亚类可分为黄泥土、黄黏泥、黄红泥土、黏砂质黄泥4个土属。

（3）红壤性土：红壤土类中红化作用最弱的亚类。母质分两大类，一类是凝灰岩等的风化物，另一类是灰岩的风化物。两者在土层厚度、质地等方面截然不同，但在酸碱度、阳离子交换量（CEC）和盐基饱和度等理化性质方面都颇为相似。该亚类分为红粉泥土、灰黄泥土2个土属。

2. 黄壤

黄壤土类分布在海拔650m以上的中、低山地，面积占丽水市土壤总面积的25.18%。在山（旱）地土壤中,黄壤土类分布面积仅次于红壤土类,全市仅黄壤1个亚类。

黄壤所处海拔较高,分布在山体的中、上部。在发育上有3个明显特征:一是风化度比红壤低;二是氧化铁普遍水化;三是生物凋落物质多,且分解缓慢,有机质积累较多。该亚类分为山黄泥土、砂黏质山黄泥2个土属。

3. 紫色土

紫色土土类主要分布在白垩系暗紫色泥岩、页岩和红紫色砂砾岩出露的丘陵山地,面积占丽水市土壤总面积的1.25%。紫色土因母岩的物理风化强烈,上面的植被稀疏,水土流失现象十分严重,成土环境很不稳定,致使土壤发育一直滞留在较年幼阶段。全剖面继承了母岩色泽,呈紫色或红紫色。土层厚度受地形部位影响较大,一般山坡中部、上部土层很薄,坡麓处土层稍厚。根据母质特性,全市紫色土分为石灰性紫色土和酸性紫色土2个亚类。

(1)石灰性紫色土:母质以白垩纪紫色砂岩和紫色砂砾岩的风化坡、残积物为主,主要分布在西南部河谷两侧的低丘及盆地底部,穿插在红壤亚类向黄红壤亚类过渡的地段,面积占紫色土土类的61.66%。全剖面呈石灰性反应,土壤呈微碱性,pH为7.5~8.0。该亚类分为红紫砂土、紫砂土2个土属。

(2)酸性紫色土:母质为非石灰性的红紫色砂页岩的风化坡、残积物,主要分布在低丘上。因母岩岩性疏松,易于物理风化,水土流失严重。土层浅薄,成土作用弱,质地多为黏壤—壤黏土,多砾石,松散无结构,呈酸性—微酸性。该亚类只有酸性紫砾土1个土属。

4. 粗骨土

粗骨土土类主要分布于低山丘陵的陡坡和顶部,母质为志留系、泥盆系长石石英砂岩、凝灰岩和砂砾岩等的风化物,面积占丽水市土壤总面积的24.50%。由于成土环境极不稳定、冲刷严重、成土作用微弱,因此土壤的粗骨性、薄层性及其发育阶段上的原始性均表现得非常突出。土体厚度一般不超过30cm,土体内砾石含量大多超过50%,为重石质土。母质层常因侵蚀而出露地表,有的甚至基岩裸露,土壤呈酸性,pH为5.0~6.0。丽水市粗骨土只有酸性粗骨土1个亚类,并分为石砂土、白岩砂土、片石砂土3个土属。

5. 潮土

潮土土类广泛分布于地势低平、地下水埋藏较浅的山谷的河溪两侧,面积占丽水市土壤总面积的0.27%。母质为河湖相的各种沉积物。该土壤土层深厚,灌溉便利,多已开发利用,种植棉花、麻、蔬菜、桑树、果树、水稻、竹子等粮食和经济作物。潮土受地下水水位升降和地表水下渗的双重影响,Fe、Mn元素发生频繁的氧化还原交替,土体中出现上稀下密的铁锰斑纹或结核。土壤呈近中性,pH一般为6.5~7.5。

潮土土类只有灰潮土1个亚类。根据母质类型和土壤发育状况,母质为近期浅海相沉积物,经逐渐脱盐作用发育而成。土层上部多已脱盐淡化,深度1m内土体中全盐的平均含量约0.1%,呈微石灰性反应或无石灰性反应。遇久旱,土体仍易返盐。该土类土层深厚,质地适中,但因受盐分障碍影响,植物生长较差,生物累积微弱,剖面发育较差。该亚类分为淡涂泥、泥砂土2个土属。

6. 水稻土

水稻土土类是在各种自然土壤的基础上,经长期的水耕熟化、定向培育而形成的一种特殊的农业土壤类型,分布广泛,约占丽水市土壤总面积的7.08%。

长期的淹水植稻彻底改变了原来土壤的氧化还原状况,频繁、强烈的干湿交替使得土壤有机质的组成、结构和分解、累积强度发生了明显变化,并引起了可溶性物质和胶体物质的迁移转化,使土壤形态和性质发生了重大改变,形成了水稻土独有的剖面形态特征。全市水稻土共分4个亚类14个土属,是全市发生分异最复杂的土类。

(1)淹育水稻土:主要分布在低山丘陵和岗地的坡麓、缓坡,谷地溪流两侧的缓坡、阶地,占水稻土土类面积的11.52%。多为梯田和新辟水田,主要受地表水影响。植稻时间短,耕作层有少量锈纹锈斑,犁底层已初步形成,其下母土(或母质)特性表现明显,属幼年性水稻土。该亚类分红泥田、涂泥田、红砂田、黄筋泥田4个土属。

(2)渗育水稻土:主要分布在河谷中河流两岸或地势较高处,占水稻土土类面积的32.73%。土壤发育主要受地表水影响。剖面中犁底层下发育有厚度超过20cm的渗育层,具棱块状结构,有明显的灰色胶膜和铁锰物质淀积,并具"铁上锰下"的分层淀积现象。该层之下即为原自然土壤土层或母质半风化体,一般无潴育层发育,剖面构型为A-Ap-P-C型。该亚类分泥砂田、培泥砂田2个土属。

(3)潴育水稻土:广泛分布于河谷、水网平原和低山丘陵的沟谷中,占水稻土土类面积的26.60%。该亚类不仅面积大,而且土壤性质好,耕作管理方便,农作物产量高。因此,潴育水稻土是全市最重要的水稻土亚类。该亚类土壤受地表水和地下水的双重影响,排灌条件好,冬季地下水埋深一般在50cm以下。土体中氧化淀积作用和还原淋溶作用交替进行,土壤层次发育明显,剖面构型为A-Ap-W-C(或G)型。犁底层下发育有厚度超过20cm的潴育层,具良好的棱柱状结构。该亚类局部氧化还原特征明显,有橘红色锈斑和青灰色(或灰白色)条纹及铁锰新生体交错淀积,色杂且较紧实。该亚类分泥质田、黄泥砂田、洪积泥砂田、黄斑田、紫泥砂田、红紫泥砂田、老黄筋泥田7个土属。

(4)潜育水稻土:零星分布在河谷及山地狭谷、丘陵山垄的低洼处,占水稻土土类面积的29.15%。土体中潜水或上层滞水接近地表,致使整个土体始终为水饱和,土体糊软,土粒分散。该亚类还原性强,亚铁反应剧烈,土体呈青灰色,剖面构型为A-(Ap)-G或A-G型。该亚类只有烂泥田1个土属。

7. 基性岩土

基性岩土在丽水市分布面积较小,仅景宁畲族自治县城区西侧有少量分布,母质多为第三纪(古近纪+新近纪)玄武岩风化残坡积物,土壤冲刷强烈,土体厚度一般在50cm左右,呈灰棕色至暗棕色。表土层疏松,含少量有机质,质地为壤质黏土、粉砂,心土层较紧,块状结构无石砾;母质层夹有半风化岩石碎屑,呈弱酸性—中性,pH为5.6~7.0。基性岩土的发育处于幼年土阶段,属于初育土的一种类型。丽水市基性岩土只有基性岩土1个亚类,棕泥土1个土属。

三、土壤酸碱性

土壤酸碱度是土壤理化性质的一项重要指标,也是影响土壤肥力、重金属活性等的重要因素。土壤酸碱度是由土壤成因、母质来源、地貌类型及土地利用方式等因素决定的。

丽水市表层土壤酸碱度统计主要依据1:5万土地质量地质调查检测数据,按照强酸性、酸性、中性、碱性和强碱性5个等级的分级标准进行统计分析,结果如图1-3和表1-5所示。

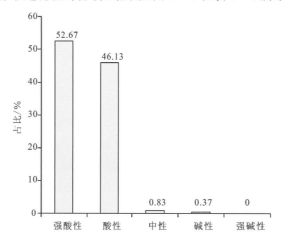

图1-3 丽水市表层土壤酸碱度占比统计柱状图

表1-5 丽水市表层土壤酸碱度分布情况统计表

土壤酸碱度等级	强酸性	酸性	中性	碱性	强碱性
pH 分级	pH<5.0	5.0≤pH<6.5	6.5≤pH<7.5	7.5≤pH<8.5	pH≥8.5
样本数/件	9483	8304	149	67	0
占比/%	52.67	46.13	0.83	0.37	0

丽水市表层土壤pH总体变化范围为3.23～8.43,平均值为4.98。丽水市土壤以酸性、强酸性为主,两者样本数所占比例和达98.80%,几乎覆盖了丽水市大片面积;其次为中性、碱性,分布面积较少,无强碱性土壤分布。由图1-4可知,高值区位于丽水市周边县,尤其是遂昌县西北、庆元县、景宁畲族自治县以及青田县东,低值区位于丽水市中部地区,包括龙泉市、松阳县、云和县、莲都区和缙云县一带。强酸性土壤主要分布在丽水市中部地区,呈条带状北东向展布,集中分布在龙泉市北东部、云和县周边、松阳县东北盆地地区、遂昌县南东部、莲都区南西及北东部、缙云县中部及南东部地区;其余地区大部分区域为酸性土壤,集中分布在遂昌县北西侧、龙泉市南西侧、庆元县、景宁畲族自治县和青田县;中性和碱性土壤零星分布。这些特征与丽水市大面积分布中酸性火山岩有关。

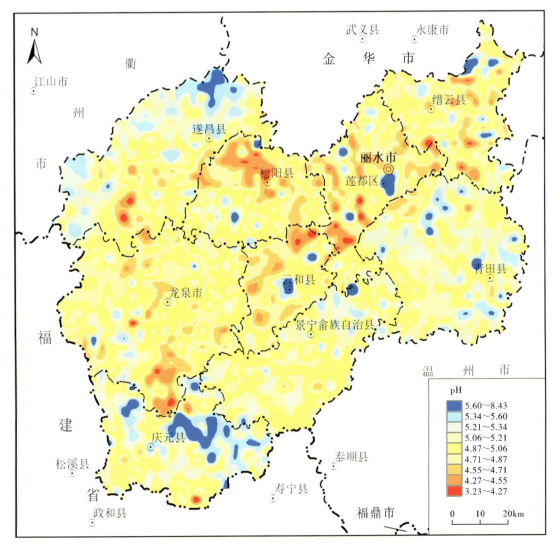

图1-4 丽水市表层土壤酸碱度分布图

四、土壤有机质

土壤有机质是指土壤中各种动植物残体在土壤生物作用下形成的一种化合物,具有矿化作用和腐殖化作用,它可以促进土壤结构形成,改善土壤物理性质。因此,土壤有机质含量是土壤质量评价的一项重要指标。

丽水市表层土壤有机质总体变化范围为0.04%~4.99%,平均值为2.53%,变异系数为0.38,空间分布差异明显。如图1-5所示,丽水市土壤有机质空间分布呈现北低南高的态势,高值区主要集中在龙泉市—庆元县—景宁县交界处,总体呈北东向带状展布,低值区主要集中在莲都区南东—青田县北西、龙泉市北东等地区。

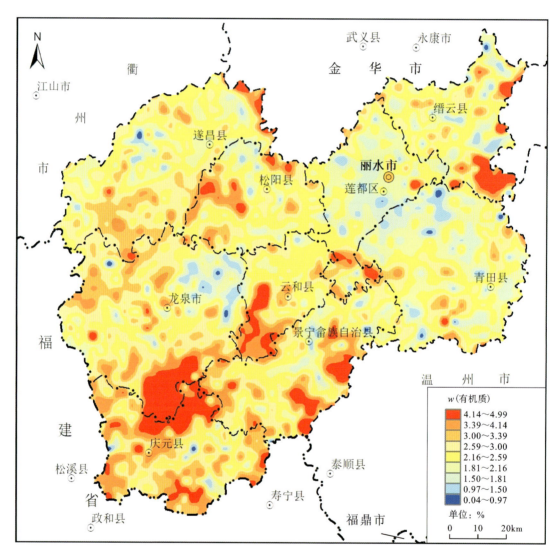

图1-5 丽水市表层土壤有机质地球化学图

从空间分布来看,土壤有机质的分布特征与成土母质类型关系密切,其中中酸性火成岩类风化物中有机质含量相对丰富,而松散岩类沉积物、紫色碎屑岩类风化物中有机质含量明显贫乏。

五、土地利用现状

根据《丽水市第三次全国国土调查主要数据公报》(2021年12月23日)数据,丽水市土地总面积为

1 700 766.09hm²。其中,耕地面积为 121 564.45hm²,占比 7.15%。园地面积为 82 806.75hm²,占比 4.87%,林地面积为 1 384 220.78hm²,占比 81.39%,草地面积为 5 129.70hm²,占比0.30%,湿地面积为 880.26hm²,占比 0.05%,城镇村及工矿用地面积为 46 060.61hm²,占比 2.71%,交通运输用地面积为 19 272.53hm²,占比 1.13%,水域及水利设施用地面积为 40 831.01hm²,占比 2.40%。丽水市土地利用现状(利用结构)统计见表 1-6。

表 1-6 丽水市土地利用现状(利用结构)统计表

地类		面积/hm²		占比/%
		分项面积	小计	
耕地	水田	100 927.94	121 564.45	7.15
	旱地	20 636.51		
园地	果园	33 218.17	82 806.75	4.87
	茶园	31 390.45		
	其他园地	18 198.13		
林地	乔木林地	1 107 232.70	1 384 220.78	81.39
	竹林地	166 595.67		
	灌木林地	55 454.71		
	其他林地	54 937.70		
草地	草地	5 129.70	5 129.70	0.30
湿地	森林沼泽	22.95	880.26	0.05
	内陆滩涂	854.97		
	灌丛沼泽	2.34		
城镇村及工矿用地	城市用地	6 461.34	46 060.61	2.71
	建制镇用地	9 390.56		
	村庄用地	28 130.99		
	采矿用地	1 262.95		
	风景名胜及特殊用地	814.77		
交通运输用地	铁路用地	814.90	19 272.53	1.13
	公路用地	8 706.24		
	农村道路	9 731.77		
	港口码头用地	11.00		
	管道运输用地	8.62		
水域及水利设施用地	河流水面	20 919.58	40 831.01	2.40
	水库水面	15 789.57		
	坑塘水面	2 381.86		
	沟渠	743.21		
	水工建筑用地	996.79		
土地总面积		1 700 766.09	1 700 766.09	100.00

第二章　数据基础及研究方法

自2002年至2006年,浙江省陆续开展了1∶25万多目标区域地球化学调查工作,受多种条件限制,丽水地区只完成了碧湖盆地周边区域,仅占全市面积的1.2%。2017年至2019年,全市相继开展并完成了耕地1∶5万土地质量地质调查工作,积累了大量的实测数据和相关基础资料。由于缺乏1∶25万多目标区域地球化学调查表层和深层土壤实测数据,丽水市土壤元素地球化学背景研究主要根据1∶5万土地质量地质调查数据进行土壤元素背景值统计,而无法进行土壤地球化学基准值的统计和研究。

第一节　1∶5万土地质量地质调查

2016年8月5日,浙江省国土资源厅发布了《浙江省土地质量地质调查行动计划(2016—2020年)》(浙土资发〔2016〕15号),在全省范围内全面部署实施"711"土地质量调查工程。根据文件要求,丽水市自然资源和规划局相继于2017—2019年落实完成了全市范围内9个县(市、区)的1∶5万土地质量地质调查工作。

全市以各县(市、区)行政辖区为调查范围,共分9个土地质量地质调查项目,选择6家项目承担单位、5家测试单位共同完成,具体工作情况见表2-1。

表2-1　丽水市土地质量地质调查工作情况一览表

序号	工作区	承担单位	项目负责人	样品测试单位
1	莲都区	浙江省第七地质大队	章辉	湖北省地质实验测试中心
2	龙泉市	浙江省第七地质大队	杨海杰、李春忠	湖南省地质实验测试中心
3	青田县	浙江省地球物理地球化学勘查院	沈迪、吴红烛	湖北省地质实验测试中心
4	云和县	浙江省第七地质大队	高翔	湖北省地质实验测试中心
5	庆元县	中国冶金地质总局浙江地质勘查院	林春进	湖北省地质实验测试中心
6	缙云县	浙江省第七地质大队	刘涛	湖南省地质实验测试中心
7	遂昌县	浙江省第九地质大队	朱海洋、贾飞	华北有色(三河)燕郊中心实验室有限公司
8	松阳县	江西省地质调查研究院、浙江省地质调查院	肖业斌、林楠	自然资源部南昌矿产资源监督检测中心、浙江省地质矿产研究所
9	景宁畲族自治县	浙江省地球物理地球化学勘查院	蒋笙翠、邵晓群	湖北省地质实验测试中心

丽水市土地质量地质调查严格按照《土地质量地球化学评价规范》(DZ/T 0295—2016)等技术规范要求,开展土壤地球化学调查采样点的布设和样品采集、加工、分析测试等工作。丽水市1∶5万土地质量地质调查土壤样品点分布如图2-1所示。

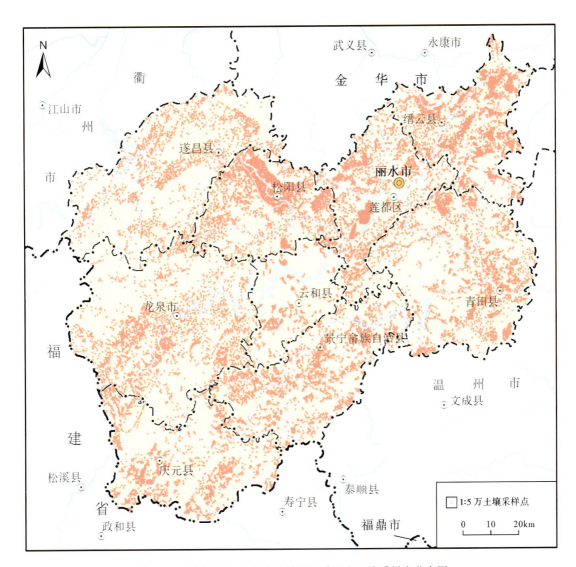

图 2-1　丽水市 1∶5 万土地质量地质调查土壤采样点分布图

一、样点布设与采集

1. 样点布设

以"二调"图斑为基本调查单元,根据调查区地形地貌、地质背景、成土母质、土地利用方式、地球化学异常、工矿企业分布以及种植结构特点等(遥感影像图及踏勘情况),将调查区划分为地球化学异常区、重要农业产区、一般耕地区及低山丘陵区。按照不同分区采样密度布设样点,异常区为 11～12 件/km², 农业产区为 9～10 件/km², 低山丘陵区为 7～8 件/km², 一般耕地区为 4～6 件/km², 控制全市平均采样密度约为 9 件/km²。在地形地貌复杂、土地利用方式多样、人为污染强烈、元素及污染物含量空间变异性大的地区,根据实际情况适当增加采样密度。

样品主要布设在耕地中,对调查范围内园地、林地以及未利用地等进行有效控制。样品布设时避开沟渠、田埂、路边、人工堆土及微地形高低不平等无代表性地段。每件样品均由 5 件分样等量均匀混合而成,采样深度为 0～20cm。

样品由左至右、自上而下连续顺序编号,每 50 件样品随机取 1 个号码为重复采样号。样品编号时将县

(市、区)名称汉语拼音的第一字母缩写(大写)作为样品编号的前缀,如莲都区样品编号为LD0001,便于成果资料供县级使用。

2.样品采集与记录

选择种植现状具有代表性的地块,在采样图斑中央采集样品。采样时避开人为干扰较大地段,用不锈钢小铲一点多坑(5个点以上)均匀采集地表至20cm深处的土柱组合成1件样品。样品装于干净布袋中,湿度大的样品在布袋外套塑料密封袋隔离,防止样品间相互污染。土壤样品质量要达到1500g以上。野外利用GPS定位仪确定地理坐标,以布设的采样点为主采样坑,定点误差均小于10m,保存所有采样点航点与航迹文件。

现场用2H铅笔填写土壤样品野外采集记录卡,主要采用代码和简明文字记录样品的各种特征。记录卡填写的内容真实、正确、齐全,字迹要清晰、工整、不涂擦,对于需要修改的文字需要轻轻划掉后,再将正确内容填写好。

3.样品保存与加工

保存当日野外调查航迹文件,收队前清点采集的样本数量,与布样图进行编号核对,并在野外手图中汇总;晚上对信息采集记录卡、航点航迹等进行检查,完成当天自检和互检工作,资料由专人管理。

从野外采回的土壤样品及时清理登记后,由专人进行晾晒和加工处理,并按要求填写样品加工登记表。加工场地和加工处理均严格按照下列要求进行。

样品晾晒场地确保无污染。将样品置于干净整洁的室内通风场地晾晒,或悬挂在样品架上自然风干,严禁暴晒和烘烤,并注意防止雨淋以及酸、碱等气体和灰尘污染。在风干过程中,适时翻动,并将大土块用木棒敲碎以防止固结,加速干燥,同时剔除土壤以外的杂物。

将风干后样品平铺在制样板上,用木棍或塑料棍碾压,并将植物残体、石块等侵入体和新生体剔除干净,细小已断的植物须根采用静电吸附的方法清除。压碎的土样要全部通过2mm(10目)的孔径筛;未过筛的土粒重新碾压过筛,直至全部样品通过2mm孔径筛为止。

过筛后土壤样品充分混匀、缩分、称重,分为正样、副样两件样品。正样送实验室分析,用塑料瓶或纸袋盛装(质量一般在500g左右)。副样(质量不低于500 g)装入干净塑料瓶,送样品库长期保存。

4.质量管理

野外各项工作严格按照质量管理要求开展小组自(互)检、二级部门抽检、单位抽检三级质量检查。工作中期,浙江省地质调查院组织专家进行质量检查,并在全部野外工作结束前,由当地自然资源部门组织专家进行野外工作检查验收,确保各项野外工作系统、规范、质量可靠。

二、分析测试与质量监控

1.分析实验室及资质

丽水市各县(市、区)9个土地质量地质调查项目的样品测试由5家测试单位承担,分别为湖北省地质实验测试中心、湖南省地质实验测试中心、华北有色(三河)燕郊中心实验室有限公司、自然资源部南昌矿产资源监督检测中心、浙江省地质矿产研究所,以上各测试单位均具有省级检验检测机构资质认定证书,并得到中国地质调查局的资质认定,满足本次土地质量地质调查项目的样品检测工作要求。

2.分析测试指标

根据技术规范要求,本次土地质量地质调查土壤全量测试砷(As)、硼(B)、镉(Cd)、钴(Co)、铬(Cr)、铜

(Cu)、锗(Ge)、汞(Hg)、锰(Mn)、钼(Mo)、氮(N)、镍(Ni)、磷(P)、铅(Pb)、硒(Se)、钒(V)、锌(Zn)、氧化钾(K_2O)、有机碳(Corg)及pH共20项元素/指标。

3. 分析方法配套方案

依据国家标准方法和相关行业标准分析方法,制订了以X射线荧光光谱法(XRF)、电感耦合等离子体质谱法(ICP-MS)为主,以发射光谱法(ES)、原子荧光光谱法(AFS)以及容量法(VOL)等为辅的分析方法配套方案。提供以下元素/指标的分析数据,具体见表2-2。

表2-2 土壤样品元素/指标全量分析方法配套方案

分析方法	简称	项数/项	测定元素/指标
电感耦合等离子体质谱法	ICP-MS	6	Cd、Co、Cu、Mo、Ni、Ge
X射线荧光光谱法	XRF	8	Cr、Cu、Mn、P、Pb、V、Zn、K_2O
发射光谱法	ES	1	B
氢化物-原子荧光光谱法	HG-AFS	2	As、Se
冷蒸气-原子荧光光谱法	CV-AFS	1	Hg
容量法	VOL	1	N
玻璃电极法		1	pH
重铬酸钾容量法	VOL	1	Corg

4. 分析方法的检出限

本配套方案各分析方法检出限见表2-3,满足《多目标区域地球化学调查规范(1:250 000)》(DZ/T 0258—2014)和《生态地球化学评价样品分析技术要求(试行)》(DD 2005-03)的要求。

表2-3 各元素/指标分析方法检出限要求

检测元素	单位	要求检出限	方法检出限	检测元素	单位	要求检出限	方法检出限
pH		0.1	0.1	Cu[②]	mg/kg	1	0.5
Cr	mg/kg	5	3	Mo	mg/kg	0.3	0.2
Cu[①]	mg/kg	1	0.1	Ni	mg/kg	2	0.2
Mn	mg/kg	10	10	Ge	mg/kg	0.1	0.1
P	mg/kg	10	10	B	mg/kg	1	1
Pb	mg/kg	2	2	K_2O	%	0.05	0.01
V	mg/kg	5	5	As	mg/kg	1	0.5
Zn	mg/kg	4	1	Hg	mg/kg	0.000 5	0.000 5
Cd	mg/kg	0.03	0.02	Se	mg/kg	0.01	0.01
Corg	mg/kg	250	200	N	mg/kg	20	20
Co	mg/kg	1	0.1				

注:Cu[①]和Cu[②]采用不同检测方法,Cu[①]为X射线荧光光谱法,Cu[②]为电感耦合等离子体质谱法。

5. 分析测试质量控制

(1)实验室资质能力条件:选择的实验室均具备相应资质要求,软硬件、人员技术能力等方面均具备相关分析测试条件,制订了工作实施方案,并严格按照方案要求开展各类样品测试工作。

(2)实验室内部质量监控:实验室在接受委托任务后,制订了行之有效的工作方案,并严格按照方案进行各类样品分析测试;各类样品分析选择的分析方法、检出限、准确度、精密度等均满足相关规范要求;内部质量监控各环节均有效运行,满足规范要求。

(3)实验室外部质量监控:主要通过密码外控样和外检样的形式进行监控,各批次监控样品相对偏差均符合规范要求。

(4)土壤元素/指标含量分布与土壤环境背景吻合状况:依据实验室提供的分析数据,按照规范要求绘制了各元素/指标的地球化学图。土壤元素地球化学图反映的地球化学背景和异常分布与地质、土壤和地貌等基本吻合;未发现明显成图台阶,不存在明显的非地质条件引起的条带异常;依据土壤元素含量评价得出的土壤环境质量、养分等级分布规律与地质背景、土地利用、人类活动影响等情况基本一致。

6. 测试分析数据质量检查验收

在完成样品测试分析提交验收使用之前,由浙江省自然资源厅项目管理办公室邀请国内权威专家,对每个县区分析测试数据质量进行了检查验收。验收专家认为各项目样品分析质量和质量监控已达到《多目标区域地球化学调查规范(1:250 000)》(DZ/T 0258—2014)和《生态地球化学评价样品分析技术要求(试行)》(DD 2005-03)要求,一致同意通过验收。

第二节　土壤元素背景值研究方法

一、概念与约定

土壤元素(环境)背景值是指在不受或少受人类活动及现代工业污染的影响下,土壤元素与化合物的含量水平。但人类活动与现代工业发展的影响已遍布全球,现在已很难找到绝对不受人类活动影响的土壤,严格意义上的土壤自然背景已很难确定。因此,土壤元素背景值只能是一个相对的概念,即土壤在一定自然历史时期、一定地域内元素(或化合物)的丰度或含量水平。目前,一般以区域地球化学调查获取的表层土壤地球化学资料作为土壤元素背景值统计的资料依据。

背景值的求取必须同时满足以下条件:样品要有足够的代表性;样品分析方法技术先进,分析质量可靠,数据具有权威性;经过地球化学分布形态检验,并在此基础上,统计系列地球化学参数,确定土壤元素背景值。

二、参数计算方法

土壤元素背景值统计参数主要有:样本数(N)、极大值(X_{max})、极小值(X_{min})、算术平均值($\overline{X}$)、几何平均值($\overline{X}_g$)、中位数(X_{me})、众值(X_{mo})、算术标准差(S)、几何标准差(S_g)、变异系数(CV)、分位值($X_{5\%}$、$X_{10\%}$、$X_{25\%}$、$X_{50\%}$、$X_{75\%}$、$X_{90\%}$、$X_{95\%}$)等。

算术平均值($\overline{X}$): $\overline{X} = \dfrac{1}{N}\sum_{i=1}^{N} X_i$

几何平均值$(\overline{X}_g)$：$\overline{X}_g = \sqrt[N]{\prod_{i=1}^{N} X_i} = \frac{1}{N}\sum_{i=1}^{N}\ln X_i$

算术标准差(S)：$S = \sqrt{\dfrac{\sum_{i=1}^{N}(X_i - \overline{X})^2}{N}}$

几何标准差(S_g)：$S_g = \exp\left(\sqrt{\dfrac{\sum_{i=1}^{N}(\ln X_i - \ln \overline{X}_g)^2}{N}}\right)$

变异系数(CV)：$CV = \dfrac{S}{\overline{X}} \times 100\%$

中位数(X_{me})：将一组数据排序后，处于中间位置的数值。当样本数为奇数时，中位数为第$(N+1)/2$位的数值；当样本数为偶数时，中位数为第$N/2$位与第$(N+1)/2$位数值的平均值。

众值(X_{mo})：一组数据中，出现频率最高的那个数值。

pH 平均值计算方法：在进行 pH 参数统计时，先将土壤 pH 换算为[H^+]平均浓度进行统计计算，然后换算成 pH。换算公式为：$[H^+] = 10^{-pH}$，$[H^+]_{平均浓度} = \sum 10^{-pH}/N$，$pH = -\lg[H^+]_{平均浓度}$。

三、统计单元划分

在丽水市有关土壤地球化学调查数据系统收集整理的基础上，进行统计单元划分以及后期参数与背景值统计。

为了便于相关专业人员与管理部门更好地利用数据，本次丽水市土壤元素背景值参数统计，参照区域土壤元素背景值研究通用方法，结合代杰瑞和庞绪贵（2019）、张伟等（2021）、苗国文等（2020）及陈永宁等（2014）的研究成果，按照行政区、土壤母质类型、土壤类型、土地利用类型划分统计单元，分别进行地球化学参数统计。

1. 行政区

根据丽水市行政区及最新统计数据划分情况，按照丽水市（全市）、缙云县、景宁畲族自治县、莲都区、龙泉市、青田县、庆元县、松阳县、遂昌县、云和县 10 个县（市、区）划分统计单元。

2. 土壤母质类型

基于丽水市岩石地层地质成因及地球化学特征，丽水市土壤母质类型将按照松散岩类风化物、古土壤风化物、碎屑岩类风化物、紫色碎屑岩类风化物、中酸性火成岩类风化物、中基性火成岩类风化物、变质岩类风化物 7 种类型划分统计单元。

3. 土壤类型

丽水市地貌类型多样，成土环境复杂，土壤性质差异较大，全市共分 7 个土类 13 个亚类以及 36 个土属。由于基性岩土面积小，无样本数据，不进行统计，本次土壤元素地球化学背景值研究按照黄壤、红壤、粗骨土、紫色土、水稻土、潮土 6 种土壤类型划分统计单元。

4. 土地利用类型

由于本次调查主要涉及农用地，因此根据土地利用分类，结合第三次全国国土调查情况，土地利用类型按照水田、旱地、园地（茶园、果园、其他园地）、林地（林地、草地、湿地）4 类划分统计单元。

四、数据处理与背景值确定

基于统计单元内各层次样本数据,依据《区域性土壤环境背景含量统计技术导则(试行)》(HJ 1185—2021),进行数据分布类型检验、异常值判别与处理及区域性土壤环境背景含量的统计和表征。

1. 数据分布形态检验

依据《数据的统计处理和解释正态性检验》(GB/T 4882—2001)要求,利用 SPSS 19 对数据频率分布形态进行正态检验。首先对原始数据进行正态分布检验,不符合正态分布的数据进行对数转换后再进行对数正态分布检验。当数据不服从正态分布或对数正态分布时,根据箱线图法对异常值进行判别剔除后,再进行正态分布或对数正态分布检验。注意:部分统计单元(或部分元素/指标)因样品较少无法进行正态分布检验。

2. 异常值判别与剔除

对于明显来源于局部受污染场所的数据,或者因样品采集、分析检测等导致的异常值,必须进行判别和剔除。由于本次丽水市土壤元素背景值研究的数据基础样本量较大,异常值判别采用箱线图法进行。

根据收集整理的原始数据各项元素/指标分别计算第一四分位数(Q_1)、第三四分位数(Q_3),以及四分位距($IQR=Q_3-Q_1$)、$Q_3+1.5IQR$ 值、$Q_1-1.5IQR$ 内限值。根据计算结果对内限值以外的异常值,结合频率分布直方图与点位区域分布特征逐个甄别并剔除。

3. 参数表征与背景值确定

(1)参数表征主要包括统计样本数(N)、极大值(X_{max})、极小值(X_{min})、算术平均值($\overline{X}$)、几何平均值($\overline{X}_g$)、中位数(X_{me})、众值(X_{mo})、算术标准差(S)、几何标准差(S_g)、变异系数(CV)、分位值($X_{5\%}$、$X_{10\%}$、$X_{25\%}$、$X_{50\%}$、$X_{75\%}$、$X_{90\%}$、$X_{95\%}$)、数据分布类型等。

(2)土壤元素背景值确定分为以下几种情况:①当数据为正态分布或剔除异常值后正态分布时,取算术平均值作为背景值;②当数据为对数正态分布或剔除异常值后对数正态分布时,取几何平均值作为背景值;③当数据经反复剔除后,仍不服从正态分布或对数正态分布时,取众值作为背景值,有 2 个众值时取靠近中位数的众值,3 个众值时取中间位众值;④对于样本数少于 30 件的统计单元,则取中位数作为背景值。

(3)数值有效位数确定原则:数值小于等于 50 的小数点后保留 2 位,数值大于 50 小于等于 100 的小数点后保留 1 位,数值大于 100 的取整数。注意:极个别数值保留 3 位小数。

说明:本书中样本数单位统一为"件";变异系数(CV)为无量纲,按照计算公式结果用百分数表示,为方便表示本书统一换算成小数,且小数点后保留 2 位;K_2O、$Corg$ 单位为‰,N、P 单位为 g/kg,pH 为无量纲,其他元素/指标单位为 mg/kg。

第三章　土壤元素背景值

第一节　各行政区土壤元素背景值

一、丽水市土壤元素背景值

丽水市土壤元素背景值数据经正态分布检验,结果表明(表3-1),原始数据中仅B符合对数正态分布,N剔除异常值后符合对数正态分布(简称剔除后对数分布),其他元素/指标不符合正态分布或对数正态分布。

丽水市表层土壤总体呈酸性,土壤pH背景值为4.98,极大值为6.02,极小值为3.91,接近于浙江省背景值,略低于中国背景值。

表层土壤各元素/指标中,Ge、Hg、K_2O、N、Pb、Se、Zn、Corg共8项元素/指标变异系数小于0.40,分布相对均匀;As、B、Cd、Co、Cr、Cu、Mn、Mo、Ni、P、pH、V共12项指标变异系数大于0.40,其中pH变异系数大于0.80,空间变异性较大。

与浙江省土壤元素背景值相比,丽水市土壤元素背景值中As、Co、Cr、Mn、Ni、V背景值明显低于浙江省背景值,在浙江省背景值的60%以下,其中As、Co、Cr、Ni背景值均在浙江省背景值的30%以下;B、Cu、Se背景值略低于浙江省背景值,为浙江省背景值的60%~80%;K_2O背景值略高于浙江省背景值,为浙江省背景值的1.39倍;P背景值明显偏高,为浙江省背景值的1.77倍;其他元素/指标背景值则与浙江省背景值基本接近。

与中国土壤元素背景值相比,丽水市土壤元素背景值中As、B、Co、Cr、Cu、Mn、Ni、V背景值明显偏低,在中国背景值的60%以下,其中As背景值为中国背景值的19%;K_2O背景值略高于中国背景值,为中国背景值的1.39倍;Hg、N、P、Pb、Zn、Corg背景值明显高于中国背景值,达中国背景值的1.4倍以上,其中Hg、Corg明显相对富集,背景值是中国背景值的2.0倍以上,Hg背景值最高,为中国背景值的4.23倍;其他元素/指标背景值则与中国背景值基本接近。

二、缙云县土壤元素背景值

缙云县土壤元素背景值数据经正态分布检验,结果表明(表3-2),原始数据中K_2O符合正态分布,B、N、Corg符合对数正态分布,pH剔除异常值后符合正态分布(简称剔除后正态分布),As、Cr、Cu、Ge、Hg、Mo、Pb剔除异常值后符合对数正态分布,其他元素/指标不符合正态分布或对数正态分布。

缙云县表层土壤总体呈酸性,土壤pH背景值为4.70,极大值为6.04,极小值为3.80,接近于丽水市背景值和浙江省背景值。

表层土壤各元素/指标中,As、B、Co、Cr、Cu、Mn、N、Ni、P、pH、V、Corg共12项元素/指标变异系数大于0.40,其中pH变异系数大于0.80,空间变异性较大。

表 3-1 丽水市土壤元素背景值参数统计表

元素/指标	N	$X_{5\%}$	$X_{10\%}$	$X_{25\%}$	$X_{50\%}$	$X_{75\%}$	$X_{90\%}$	$X_{95\%}$	$\bar{X}$	S	$\bar{X}_g$	S_g	X_{max}	X_{min}	CV	X_{me}	X_{mo}	分布类型	丽水市背景值	浙江省背景值	中国背景值
As	16 815	1.00	1.27	1.88	2.90	4.36	6.08	7.20	3.32	1.89	2.80	2.38	9.18	0.13	0.57	2.90	1.70	其他分布	1.70	10.10	9.00
B	18 003	5.87	7.29	10.21	14.70	21.07	29.31	35.67	17.02	10.16	14.61	5.41	138	1.60	0.60	14.70	5.60	对数正态分布	14.61	20.00	43.0
Cd	17 001	0.05	0.07	0.10	0.13	0.18	0.23	0.26	0.14	0.06	0.13	3.55	0.33	0.01	0.44	0.13	0.12	其他分布	0.12	0.14	0.137
Co	16 698	2.16	2.52	3.25	4.50	6.49	9.05	10.60	5.16	2.56	4.60	2.74	13.18	0.38	0.50	4.50	2.52	其他分布	2.52	14.80	11.00
Cr	16 586	8.72	10.86	14.99	20.70	28.75	39.60	46.30	23.02	11.15	20.42	6.35	57.5	0.20	0.48	20.70	18.80	其他分布	18.80	82.0	53.0
Cu	17 081	5.40	6.37	8.32	11.48	15.82	20.72	23.81	12.58	5.58	11.40	4.50	29.59	1.45	0.44	11.48	10.60	偏峰分布	10.60	16.00	20.00
Ge	17 550	1.00	1.06	1.17	1.30	1.45	1.59	1.69	1.31	0.21	1.30	1.24	1.90	0.73	0.16	1.30	1.48	偏峰分布	1.48	1.44	1.30
Hg	17 112	0.03	0.04	0.05	0.06	0.08	0.10	0.11	0.07	0.02	0.06	4.82	0.14	0.01	0.37	0.06	0.11	其他分布	0.11	0.110	0.026
K$_2$O	17 921	1.12	1.41	2.06	2.72	3.35	3.87	4.17	2.69	9.18	2.51	7.08	5.29	0.18	0.41	2.72	3.27	其他分布	3.27	2.35	2.36
Mn	16 909	109	128	173	253	386	555	651	299	165	258	25.55	803	30.10	0.55	253	141	其他分布	141	440	569
Mo	16 468	0.40	0.47	0.60	0.78	1.06	1.38	1.61	0.86	0.36	0.79	1.53	2.03	0.13	0.42	0.78	0.64	其他分布	0.64	0.66	0.70
N	17 572	0.52	0.69	0.99	1.31	1.65	2.00	2.22	1.33	0.50	1.22	1.63	2.71	0.06	0.38	1.31	1.52	剔除后对数分布	1.22	1.28	0.707
Ni	16 421	3.23	3.94	5.28	7.24	10.15	13.88	16.22	8.11	3.91	7.23	3.60	20.55	0.05	0.48	7.24	10.40	其他分布	10.40	35.00	24.00
P	17 149	0.14	0.20	0.31	0.48	0.70	0.95	1.10	0.53	0.29	0.45	2.12	1.39	0.01	0.54	0.48	1.06	其他分布	1.06	0.60	0.57
Pb	16 383	24.88	27.48	31.65	36.69	43.08	51.7	57.7	38.10	9.60	36.93	8.30	67.5	10.96	0.25	36.69	33.80	其他分布	33.80	32.00	22.00
pH	17 353	4.27	4.44	4.71	4.97	5.21	5.44	5.60	4.78	4.75	4.95	2.52	6.02	3.91	0.99	4.97	4.98	其他分布	4.98	5.10	8.00
Se	17 044	0.10	0.12	0.14	0.18	0.22	0.28	0.31	0.19	0.06	0.18	2.76	0.37	0.02	0.33	0.18	0.14	偏峰分布	0.14	0.21	0.17
V	16 877	19.14	22.57	29.78	40.45	55.3	72.6	83.6	44.30	19.40	40.26	8.91	104	4.64	0.44	40.45	40.00	其他分布	40.00	106	70.0
Zn	17 070	44.80	50.5	60.7	73.6	89.3	108	119	76.4	22.10	73.3	12.32	141	17.26	0.29	73.6	101	其他分布	101	101	66.0
Corg	17 310	0.56	0.75	1.04	1.37	1.74	2.13	2.40	1.47	5.35	1.29	3.89	2.89	0.02	0.22	1.37	1.32	其他分布	1.32	1.31	0.60

注：N、P 单位为 g/kg，K$_2$O、Corg 单位为%，pH 为无量纲，其他元素（指标单位为 mg/kg；浙江省背景值引自《浙江省土壤元素背景值》（黄春雷等，2023；中国背景值引自《全国地球化学基准网建立与土壤地球化学基准值特征》（王学求等，2016）；后表单位来源和资料来源相同。

第三章 土壤元素背景值

表3-2 缙云县土壤元素背景值参数统计表

元素/指标	N	$X_{5\%}$	$X_{10\%}$	$X_{25\%}$	$X_{50\%}$	$X_{75\%}$	$X_{90\%}$	$X_{95\%}$	$\overline{X}$	S	$\overline{X}_g$	S_g	X_{max}	X_{min}	CV	X_{me}	X_{mo}	分布类型	缙云县背景值	丽水市背景值	浙江省背景值
As	2616	1.72	2.21	3.24	4.73	6.56	8.56	9.94	5.10	2.45	4.50	2.78	12.64	0.72	0.48	4.73	1.02	剔除后对数分布	4.50	1.70	10.10
B	2772	8.32	10.58	14.87	21.09	29.04	38.72	46.90	23.16	11.66	20.41	6.39	99.0	2.19	0.50	21.09	17.02	对数正态分布	20.41	14.61	20.00
Cd	2659	0.07	0.09	0.12	0.16	0.21	0.26	0.28	0.17	0.06	0.15	3.14	0.35	0.03	0.38	0.16	0.14	偏峰分布	0.14	0.12	0.14
Co	2536	2.67	3.06	3.97	5.42	8.21	12.22	14.59	6.59	3.61	5.76	3.07	18.18	1.00	0.55	5.42	4.04	其他分布	4.04	2.52	14.80
Cr	2632	9.33	11.70	15.56	21.74	30.14	39.68	45.05	23.69	10.81	21.27	6.36	56.1	2.42	0.46	21.74	25.72	剔除后对数分布	21.27	18.80	82.0
Cu	2631	5.17	6.52	9.16	12.55	16.62	20.90	23.66	13.25	5.54	12.04	4.63	29.61	1.45	0.42	12.55	12.52	剔除后对数分布	12.04	10.60	16.00
Ge	2681	1.07	1.12	1.21	1.32	1.43	1.55	1.63	1.33	0.17	1.32	1.22	1.77	0.88	0.12	1.32	1.26	剔除后对数分布	1.32	1.48	1.44
Hg	2635	0.03	0.04	0.05	0.06	0.08	0.09	0.10	0.06	0.02	0.06	4.83	0.12	0.01	0.33	0.06	0.06	正态分布	0.06	0.11	0.110
K_2O	2772	1.60	1.89	2.36	2.89	3.45	3.90	4.20	2.90	7.95	2.80	7.46	5.73	0.61	0.33	2.89	2.84	其他分布	2.90	3.27	2.35
Mn	2668	179	203	267	391	625	864	985	468	255	406	32.64	1236	69.0	0.54	391	456	其他分布	456	141	440
Mo	2587	0.47	0.54	0.65	0.82	1.04	1.32	1.48	0.88	0.30	0.83	1.43	1.83	0.22	0.35	0.82	0.88	剔除后对数分布	0.83	0.64	0.66
N	2772	0.54	0.68	0.97	1.40	1.88	2.50	2.83	1.51	0.75	1.33	1.77	5.49	0.12	0.50	1.40	0.94	对数分布	1.33	1.22	1.28
Ni	2611	2.85	3.76	5.22	7.28	10.37	14.14	16.40	8.16	4.06	7.18	3.55	20.33	0.83	0.50	7.28	11.83	其他分布	11.83	10.40	35.00
P	2665	0.15	0.21	0.41	0.65	0.90	1.14	1.33	0.67	0.35	0.57	2.03	1.69	0.05	0.52	0.65	1.11	其他分布	1.11	1.06	0.60
Pb	2572	24.06	27.07	31.04	34.97	39.52	44.36	48.24	35.40	6.85	34.72	7.93	54.6	17.13	0.19	34.97	36.28	剔除后对数分布	34.72	33.80	32.00
pH	2639	4.19	4.34	4.63	4.90	5.16	5.44	5.60	4.70	4.64	4.90	2.51	6.04	3.80	0.99	4.90	4.98	剔除后正态分布	4.70	4.98	5.10
Se	2581	0.14	0.16	0.18	0.21	0.25	0.31	0.34	0.22	0.06	0.22	2.47	0.39	0.07	0.26	0.21	0.19	其他分布	0.19	0.14	0.21
V	2545	22.32	27.10	35.84	46.03	66.1	92.4	108	53.2	25.42	47.74	9.76	133	6.10	0.48	46.03	40.36	偏峰分布	40.36	40.00	106
Zn	2678	57.4	61.4	69.2	79.8	93.3	108	115	82.2	17.69	80.3	12.73	132	33.81	0.22	79.8	110	其他分布	110	101	101
Corg	2772	0.57	0.70	0.99	1.38	1.87	2.55	3.05	1.54	8.17	1.35	4.07	6.32	0.13	0.31	1.38	1.14	对数正态分布	1.35	1.32	1.31

与丽水市土壤元素背景值相比,缙云县土壤元素背景值中 Hg 背景值明显低于丽水市背景值,为丽水市背景值的 55%;B、Mo、Se 背景值略高于丽水市背景值,与丽水市背景值比值在 1.2～1.4;而 As、Co、Mn 背景值明显偏高,其中 As、Mn 明显富集,背景值是丽水市背景值的 2.0 倍以上,Mn 背景值最高,是丽水市背景值的 3.23 倍;其他元素/指标背景值则与丽水市背景值基本接近。

与浙江省土壤元素背景值相比,缙云县土壤元素背景值中 As、Co、Cr、Hg、Ni、V 明显偏低,在浙江省背景值的 60% 以下;而 Cu 略低于浙江省背景值,为浙江省背景值的 60%～80%;K_2O、Mo 背景值略高于浙江省背景值;P 背景值明显高于浙江省背景值,是浙江省背景值的 1.85 倍;其他元素/指标背景值则与浙江省背景值基本接近。

三、景宁畲族自治县土壤元素背景值

景宁畲族自治县土壤元素背景值数据经正态分布检验,结果表明(表 3-3),原始数据中 B、Co、Cr、Ge、Hg、K_2O、Mn 符合对数正态分布,N、pH 剔除异常值后符合正态分布,As、Cd、Cu、Mo、Ni、P、Pb、Se、V、Zn、Corg 剔除异常值后符合对数正态分布。

景宁畲族自治县表层土壤总体呈酸性,土壤 pH 背景值为 4.96,极大值为 5.77,极小值为 4.34,与丽水市背景值和浙江省背景值基本接近。

表层土壤各元素/指标中,As、B、Cd、Co、Cr、Hg、Mn、Mo、Ni、P、pH、V 共 12 项元素/指标变异系数大于 0.40,其中 Mn、pH 变异系数大于 0.80,空间变异性较大。

与丽水市土壤元素背景值相比,景宁畲族自治县土壤元素背景值中大部分元素/指标背景值与丽水市土壤背景值比较接近;而 Hg、Ni、P 背景值明显低于丽水市背景值,在丽水市背景值的 60% 以下,其中 P 背景值在丽水市背景值的 28%;Cr、Cu、K_2O、Zn 背景值略低于丽水市背景值,为丽水市背景值的 60%～80%;Co、Mn 背景值明显偏高,与丽水市背景值比值为 1.7 左右。

与浙江省土壤元素背景值相比,景宁畲族自治县土壤元素背景值中 As、B、Co、Cr、Cu、Hg、Mn、Ni、P、V 背景值明显低于丽水市背景值,在丽水市背景值的 60% 以下,其中 Ni 背景值为丽水市背景值的 15.6%;Cd、Se、Zn 背景值略低于丽水市背景值,为丽水市背景值的 60%～80%;其他元素/指标背景值则与浙江省背景值基本接近。

四、莲都区土壤元素背景值

莲都区土壤元素背景值数据经正态分布检验,结果表明(表 3-4),原始数据 K_2O 符合正态分布,Cu、Ge、Hg、N、P、Se 符合对数正态分布,pH、Corg 剔除异常值后符合正态分布,As、Cd、Cr、Mo、Ni、Zn 剔除异常值后符合对数正态分布,其他元素/指标不符合正态分布或对数正态分布。

莲都区表层土壤总体呈酸性,土壤 pH 背景值为 4.59,极大值为 5.94,极小值为 3.64,与丽水市背景值接近,略低于浙江省背景值。

表层土壤各元素/指标中,As、Co、Cu、Hg、Mn、Mo、P、pH、Se 共 9 项元素/指标变异系数大于 0.40,其中 pH 变异系数大于 0.80,空间变异性较大。

与丽水市土壤元素背景值相比,莲都区土壤元素背景值中大部分元素/指标背景值与丽水市背景值接近;而 Hg、P 背景值明显低于丽水市背景值,在丽水市背景值的 60% 以下;Ni、Zn 背景值略低于丽水市背景值;Cu 背景值略高于丽水市背景值,与丽水市背景值的比值为 1.33;As、Co、Mn 背景值明显偏高,与丽水市背景值的比值在 1.4 以上。

与浙江省土壤元素背景值相比,莲都区土壤元素背景值中多数元素/指标背景值整体低于浙江省背景值,其中 As、Co、Cr、Hg、Mn、Ni、V 背景值明显偏低,低于浙江省背景值的 60%,其中 Co、Cr、Ni 背景值较低,低于浙江省背景值的 30%;B、Se、Zn 背景值略低于浙江省背景值;K_2O 背景值略高于丽水市背景值,与丽水市背景值的比值为 1.31;其他元素/指标背景值则与浙江省背景值基本接近。

第三章 土壤元素背景值

表3-3 景宁畲族自治县土壤元素背景值参数统计表

元素/指标	N	$X_{5\%}$	$X_{10\%}$	$X_{25\%}$	$X_{50\%}$	$X_{75\%}$	$X_{90\%}$	$X_{95\%}$	$\bar{X}$	S	$\bar{X}_g$	S_g	X_{max}	X_{min}	CV	X_{me}	X_{mo}	分布类型		景宁畲族自治县背景值	丽水市背景值	浙江省背景值
As	1866	0.55	0.74	1.16	1.83	2.83	4.06	4.79	2.13	1.29	1.76	2.11	6.32	0.13	0.61	1.83	1.93	剔除后	对数分布	1.76	1.70	10.10
B	2030	5.57	6.50	8.86	11.91	16.06	21.07	24.92	13.12	6.08	11.86	4.70	41.29	2.59	0.46	11.91	13.24		对数正态分布	11.86	14.61	20.00
Cd	1915	0.04	0.06	0.08	0.11	0.14	0.18	0.20	0.11	0.05	0.10	3.95	0.25	0.01	0.41	0.11	0.11	剔除后	对数正态分布	0.10	0.12	0.14
Co	2030	1.91	2.27	2.93	4.04	5.75	8.19	10.27	4.88	3.42	4.21	2.70	58.1	0.88	0.70	4.04	2.94	剔除后	对数正态分布	4.21	2.52	14.80
Cr	2030	5.76	7.15	9.95	14.11	20.35	27.78	34.04	16.49	10.62	14.16	5.42	206	0.78	0.64	14.11	10.39	剔除后	对数正态分布	14.16	18.80	82.0
Cu	1902	4.77	5.43	6.80	8.39	10.60	13.30	14.69	8.91	2.98	8.43	3.69	17.92	2.60	0.33	8.39	10.83	剔除后	对数正态分布	8.43	10.60	16.00
Ge	2030	0.95	1.00	1.11	1.24	1.42	1.61	1.76	1.28	0.28	1.26	1.26	6.45	0.69	0.22	1.24	1.14		对数正态分布	1.26	1.48	1.44
Hg	2030	0.03	0.03	0.04	0.06	0.08	0.10	0.12	0.06	0.03	0.06	4.95	0.41	0.01	0.52	0.06	0.05		对数正态分布	0.06	0.11	0.110
K_2O	2030	1.45	1.67	2.08	2.54	3.10	3.64	3.88	2.60	0.28	2.48	1.26	5.11	0.42	0.35	2.54	2.58		对数正态分布	2.48	3.27	2.35
Mn	2030	106	121	159	231	350	513	642	287	236	241	6.86	6325	49.77	0.82	231	258		对数正态分布	241	141	440
Mo	1821	0.38	0.43	0.53	0.70	0.95	1.28	1.53	0.78	0.34	0.72	24.78	1.94	0.18	0.44	0.70	0.79	剔除后	对数正态分布	0.72	0.64	0.66
N	1977	0.44	0.69	1.03	1.34	1.65	2.01	2.23	1.34	0.51	1.22	1.56	2.70	0.06	0.38	1.34	1.36	剔除后	对数正态分布	1.22	1.22	1.28
Ni	1942	2.51	3.02	4.08	5.53	7.71	10.18	11.61	6.10	2.77	5.45	1.69	14.21	0.05	0.45	5.53	10.45	剔除后	对数正态分布	5.45	10.40	35.00
P	1900	0.10	0.15	0.23	0.32	0.44	0.58	0.66	0.34	0.16	0.30	3.22	0.83	0.01	0.48	0.32	0.35	剔除后	对数正态分布	0.30	1.06	0.60
Pb	1847	25.69	27.48	30.25	33.94	38.21	43.41	46.83	34.67	6.37	34.10	2.38	54.5	16.97	0.18	33.94	31.35	剔除后	对数正态分布	34.10	33.80	32.00
pH	1950	4.58	4.69	4.87	5.04	5.21	5.38	5.48	4.96	5.15	5.04	7.82	5.77	4.34	1.04	5.04	5.00	剔除后	正态分布	4.96	4.98	5.10
Se	1909	0.09	0.10	0.12	0.15	0.19	0.24	0.26	0.16	0.05	0.15	2.54	0.32	0.06	0.34	0.15	0.12	剔除后	对数正态分布	0.15	0.14	0.21
V	1929	16.50	19.18	24.83	33.22	44.18	57.5	65.4	35.96	14.68	33.06	3.03	78.3	8.71	0.41	33.22	29.16	剔除后	对数正态分布	33.06	40.00	106
Zn	1918	36.81	44.52	55.4	66.0	78.7	93.7	103	67.6	18.90	64.8	8.06	120	19.73	0.28	66.0	67.3	剔除后	对数正态分布	64.8	101	101
Corg	1951	0.52	0.77	1.14	1.47	1.87	2.26	2.63	1.51	5.94	1.36	11.61	3.10	0.03	0.23	1.47	1.32	剔除后	对数正态分布	1.36	1.32	1.31

表 3-4　莲都区土壤元素背景值参数统计表

元素/指标	N	$X_{5\%}$	$X_{10\%}$	$X_{25\%}$	$X_{50\%}$	$X_{75\%}$	$X_{90\%}$	$X_{95\%}$	$\bar{X}$	S	$\bar{X}_g$	S_g	X_{max}	X_{min}	CV	X_{me}	X_{mo}	分布类型	莲都区背景值	丽水市背景值	浙江省背景值
As	1699	1.26	1.48	2.14	3.16	4.57	5.89	6.84	3.48	1.72	3.06	2.32	8.76	0.37	0.49	3.16	3.31	剔除后对数分布	3.06	1.70	10.10
B	1681	7.40	9.10	12.27	16.00	20.57	26.16	29.74	16.90	6.50	15.65	5.29	35.51	4.07	0.38	16.00	17.83	剔除后对数分布	15.65	14.61	20.00
Cd	1705	0.05	0.07	0.10	0.13	0.16	0.20	0.22	0.13	0.05	0.12	3.57	0.28	0.01	0.38	0.13	0.10	剔除后对数分布	0.12	0.12	0.14
Co	1658	2.26	2.62	3.23	4.19	5.85	8.05	9.06	4.76	2.08	4.34	2.57	11.28	0.56	0.44	4.19	3.59	其他分布	3.59	2.52	14.80
Cr	1700	11.32	13.80	17.75	23.17	29.32	36.30	41.21	24.16	8.79	22.51	6.43	50.00	5.05	0.36	23.17	19.76	剔除后对数分布	22.51	18.80	82.0
Cu	1787	6.54	7.75	10.38	14.08	18.92	25.07	29.56	15.94	11.07	14.11	5.03	318	3.07	0.69	14.08	17.36	对数分布	14.11	10.60	16.00
Ge	1787	1.05	1.11	1.22	1.35	1.51	1.70	1.83	1.39	0.26	1.37	1.27	3.96	0.81	0.18	1.35	1.40	对数正态分布	1.37	1.48	1.44
Hg	1787	0.03	0.04	0.04	0.06	0.08	0.11	0.13	0.07	0.05	0.06	4.88	1.21	0.01	0.75	0.06	0.05	正态分布	0.06	0.11	0.110
K_2O	1787	1.94	2.16	2.61	3.06	3.53	4.00	4.27	3.07	7.00	2.99	7.72	5.36	0.88	0.28	3.06	3.06	其他分布	3.07	3.27	2.35
Mn	1668	134	152	191	260	382	564	659	309	160	274	25.96	799	62.9	0.52	260	262	剔除后对数分布	262	141	440
Mo	1642	0.41	0.46	0.57	0.74	1.00	1.32	1.51	0.82	0.34	0.76	1.53	1.91	0.24	0.41	0.74	0.78	对数正态分布	0.76	0.64	0.66
N	1787	0.61	0.73	0.95	1.20	1.44	1.69	1.89	1.21	0.40	1.14	1.46	4.00	0.10	0.33	1.20	1.04	对数正态分布	1.14	1.22	1.28
Ni	1680	3.97	4.68	5.84	7.61	9.90	12.60	14.14	8.12	3.05	7.55	3.51	17.15	0.58	0.38	7.61	7.75	对数后对数分布	7.55	10.40	35.00
P	1787	0.16	0.23	0.38	0.57	0.83	1.15	1.39	0.64	0.39	0.53	2.06	3.32	0.05	0.60	0.57	1.15	对数后对数分布	0.53	1.06	0.60
Pb	1674	23.72	25.77	30.04	35.28	40.81	47.82	53.8	36.09	8.59	35.08	8.08	60.1	13.16	0.24	35.28	37.08	偏峰分布	37.08	33.80	32.00
pH	1747	4.12	4.25	4.49	4.75	5.06	5.31	5.48	4.59	4.56	4.77	2.47	5.94	3.64	0.99	4.75	4.75	剔除后对数分布	4.77	4.98	5.10
Se	1787	0.09	0.10	0.13	0.16	0.20	0.25	0.30	0.17	0.08	0.16	2.98	1.03	0.06	0.45	0.16	0.12	对数后对数分布	0.16	0.14	0.21
V	1659	22.63	25.70	31.32	39.02	52.1	67.3	77.2	43.27	16.60	40.34	8.68	94.9	10.69	0.38	39.02	47.71	其他分布	47.71	40.00	106
Zn	1712	45.20	49.67	57.8	68.4	80.4	93.3	102	70.0	17.02	68.0	11.65	118	25.53	0.24	68.4	74.2	剔除后对数分布	68.0	101	101
Corg	1725	0.63	0.78	0.97	1.22	1.46	1.72	1.90	1.22	3.72	1.17	3.52	2.26	0.24	0.17	1.22	1.32	剔除后正态分布	1.22	1.32	1.31

五、龙泉市土壤元素背景值

龙泉市土壤元素背景值数据经正态分布检验,结果表明(表3-5),原始数据 K_2O 符合正态分布,B、Co、Mn、V 符合对数正态分布,N、pH 剔除异常值后符合正态分布,As、Cd、Ge、Mo、P、Se、Zn、Corg 剔除后符合对数正态分布,其他元素/指标不符合正态分布或对数正态分布。

龙泉市表层土壤总体呈酸性,土壤 pH 背景值为 4.82,极大值为 5.76,极小值为 4.10,基本与丽水市背景值和浙江省背景值接近。

表层土壤各元素/指标中,As、B、Cd、Co、Cr、Cu、Mn、Mo、Ni、P、pH、V 共 12 项元素/指标变异系数大于 0.40,其中 Co、pH 变异系数大于 0.80,空间变异性较大。

与丽水市土壤元素背景值相比,龙泉市土壤元素背景值中 P 背景值明显低于丽水市背景值,仅为丽水市背景值的 36%;Hg、Zn 背景值略低于丽水市背景值;Cr、Pb、Se 背景值略高于丽水市背景值,与丽水市背景值比值在 1.2~1.4 之间;而 As、Co、Cu、Mn、Ni 背景值明显偏高,是丽水市背景值的 1.4 倍以上,其中 Co 明显相对富集,背景值是丽水市背景值的 2.25 倍;其他元素/指标背景值则与丽水市背景值基本接近。

与浙江省土壤元素背景值相比,龙泉市土壤元素背景值中 As、Co、Cr、Mn、Ni、V 背景值明显偏低,为浙江省背景值的 60% 以下,其中 As、Cr 背景值低于浙江省背景值的 30%;B、Hg、P、Zn 背景值略低于浙江省背景值;Pb 背景值明显高于浙江省背景值,是浙江省背景值的 1.47 倍;其他元素/指标背景值则与浙江省背景值基本接近。

六、青田县土壤元素背景值

青田县土壤元素背景值数据经正态分布检验,结果表明(表3-6),原始数据 B、Ge、N、P、Se、Corg 符合对数正态分布,pH 剔除异常值后符合正态分布,As、Cd、Co、Cr、Cu、Hg、Mo、Ni、V 剔除异常值后符合对数正态分布,其他元素/指标不符合正态分布或对数正态分布。

青田县表层土壤总体呈酸性,土壤 pH 背景值为 5.00,极大值为 5.92,极小值为 4.30,与丽水市背景值和浙江省背景值基本接近。

表层土壤各元素/指标中,As、B、Cd、Co、Hg、Mn、Mo、N、Ni、P、pH、Se 共 12 项元素/指标变异系数大于(等于)0.40,其中 pH 变异系数大于 0.80,空间变异性较大。

与丽水市土壤元素背景值相比,青田县土壤元素背景值中 Hg、Ni、P 背景值明显低于丽水市背景值,其中 P 背景值仅为丽水市背景值的 37%;Zn 背景值略低于丽水市背景值;Mo、Pb、Se 背景值略高于丽水市背景值,与丽水市背景值比值在 1.2~1.4 之间;而 As、Co、Mn 背景值明显偏高,是丽水市背景值的 1.4 倍以上,其中 Mn 明显相对富集,背景值是丽水市背景值的 2.09 倍;其他元素/指标背景值则与丽水市背景值基本接近。

与浙江省土壤元素背景值相比,青田县土壤元素背景值中 As、Co、Cr、Hg、Ni、V 背景值明显偏低,在浙江省背景值的 60% 以下,其中 As、Cr、Co、Ni 背景值低于浙江省背景值的 30%;B、Cu、Mn、P、Zn、N 背景值略低于浙江省背景值;K_2O、Mo、Pb 背景值略高于浙江省背景值,为浙江省背景值的 1.35 倍;其他元素/指标背景值则与浙江省背景值基本接近。

七、庆元县土壤元素背景值

庆元县土壤元素背景值数据经正态分布检验,结果表明(表3-7),原始数据 K_2O 符合正态分布,Co、Cu、Mn、V 符合对数正态分布,Ge、Corg 剔除异常值后符合正态分布,As、B、Cd、Cr、Hg、Mo、Ni、P、Se、Zn 剔除异常值后符合对数正态分布,其他元素/指标不符合正态分布或对数正态分布。

表 3-5　龙泉市土壤元素背景值参数统计表

元素/指标	N	$X_{5\%}$	$X_{10\%}$	$X_{25\%}$	$X_{50\%}$	$X_{75\%}$	$X_{90\%}$	$X_{95\%}$	$\overline{X}$	S	$\overline{X}_g$	S_g	X_{max}	X_{min}	CV	X_{me}	X_{mo}	分布类型	龙泉市背景值	丽水市背景值	浙江省背景值
As	2134	1.02	1.24	1.72	2.49	3.67	5.16	6.06	2.86	1.52	2.48	2.18	7.57	0.37	0.53	2.49	1.02	剔除后对数分布	2.48	1.70	10.10
B	2325	5.69	6.84	9.52	13.75	19.86	27.72	33.20	16.00	9.54	13.81	5.22	95.5	1.85	0.60	13.75	5.60	对数正态分布	13.81	14.61	20.00
Cd	2166	0.04	0.06	0.09	0.14	0.19	0.27	0.31	0.15	0.08	0.13	3.69	0.39	0.01	0.53	0.14	0.13	剔除后对数分布	0.13	0.12	0.14
Co	2325	2.00	2.42	3.49	5.54	9.13	13.10	15.86	7.16	6.59	5.66	3.29	158	0.38	0.92	5.54	13.29	对数正态分布	5.66	2.52	14.80
Cr	2274	9.13	11.28	16.32	29.79	56.7	78.2	90.9	38.42	26.61	29.80	8.18	124	2.70	0.69	29.79	23.52	其他分布	23.52	18.80	82.0
Cu	2248	5.66	6.56	9.00	14.03	22.15	28.99	33.15	16.20	8.73	13.95	5.16	43.37	2.92	0.54	14.03	15.52	偏峰分布	15.52	10.60	16.00
Ge	2263	0.98	1.04	1.13	1.24	1.35	1.48	1.57	1.25	0.17	1.24	1.21	1.72	0.80	0.14	1.24	1.27	剔除后对数分布	1.24	1.48	1.44
Hg	2226	0.04	0.04	0.05	0.07	0.08	0.10	0.12	0.07	0.02	0.07	4.61	0.14	0.01	0.35	0.07	0.07	偏峰分布	0.07	0.11	0.110
K_2O	2325	1.53	1.77	2.20	2.70	3.16	3.54	3.89	2.70	7.27	2.59	7.12	6.07	0.24	0.33	2.70	2.90	正态分布	2.70	3.27	2.35
Mn	2325	95.2	111	141	203	291	417	540	244	167	209	22.91	2104	40.43	0.68	203	262	对数分布	209	141	440
Mo	2187	0.34	0.39	0.52	0.68	0.94	1.25	1.46	0.76	0.33	0.69	1.59	1.76	0.13	0.44	0.68	0.54	剔除后对数分布	0.69	0.64	0.66
N	2259	0.47	0.70	1.03	1.30	1.61	1.93	2.15	1.32	0.48	1.21	1.63	2.56	0.13	0.36	1.30	1.37	剔除后正态分布	1.32	1.22	1.28
Ni	2265	3.78	4.75	7.15	11.98	22.25	31.78	36.96	15.54	10.59	12.22	5.07	48.05	0.75	0.68	11.98	20.50	其他分布	20.50	10.40	35.00
P	2190	0.14	0.20	0.28	0.40	0.55	0.71	0.83	0.43	0.20	0.38	2.09	1.02	0.04	0.47	0.40	0.31	剔除后对数分布	0.38	1.06	0.60
Pb	2107	25.20	28.05	32.60	39.34	50.00	66.7	75.9	43.18	15.22	40.79	8.89	90.8	11.13	0.35	39.34	46.94	其他正态分布	46.94	33.80	32.00
pH	2250	4.41	4.53	4.73	4.93	5.13	5.33	5.45	4.82	4.93	4.93	2.51	5.76	4.10	1.02	4.93	5.00	剔除后正态分布	4.82	4.98	5.10
Se	2182	0.11	0.12	0.15	0.18	0.22	0.28	0.31	0.19	0.06	0.18	2.72	0.36	0.07	0.30	0.18	0.17	剔除后正态分布	0.18	0.14	0.21
V	2325	17.92	21.95	31.34	45.90	63.8	83.4	101	51.3	29.77	44.62	9.55	350	4.64	0.58	45.90	37.78	对数正态分布	44.62	40.00	35.00
Zn	2176	45.45	52.0	62.7	77.6	98.0	124	141	83.0	28.29	78.5	12.89	168	20.47	0.34	77.6	106	剔除后对数分布	78.5	101	106
Corg	2246	0.53	0.78	1.13	1.47	1.84	2.28	2.55	1.50	5.74	1.36	4.03	3.01	0.08	0.22	1.47	1.51	剔除后对数分布	1.36	1.32	1.31

表3-6 青田县土壤元素背景值参数统计表

元素/指标	N	$X_{5\%}$	$X_{10\%}$	$X_{25\%}$	$X_{50\%}$	$X_{75\%}$	$X_{90\%}$	$X_{95\%}$	$\overline{X}$	S	$\overline{X}_g$	S_g	X_{max}	X_{min}	CV	X_{me}	X_{mo}	分布类型	青田县背景值	丽水市背景值	浙江省背景值
As	2456	1.15	1.41	2.05	2.97	4.26	5.71	6.67	3.30	1.65	2.90	2.31	8.52	0.57	0.50	2.97	1.76	剔除后对数分布	2.90	1.70	10.10
B	2668	5.04	6.41	9.33	13.21	18.30	24.01	28.59	14.63	7.82	12.82	5.04	99.0	2.13	0.53	13.21	12.46	对数正态分布	12.82	14.61	20.00
Cd	2518	0.05	0.06	0.10	0.13	0.18	0.23	0.26	0.14	0.06	0.13	3.51	0.32	0.01	0.44	0.13	0.09	剔除后对数分布	0.13	0.12	0.14
Co	2458	2.14	2.40	3.01	3.93	5.34	7.00	8.19	4.36	1.82	4.02	2.48	10.04	1.22	0.42	3.93	4.51	剔除后对数分布	4.02	2.52	14.80
Cr	2506	12.33	13.69	16.47	20.34	25.93	32.70	36.55	21.80	7.29	20.67	6.10	43.55	7.03	0.33	20.34	16.81	剔除后对数分布	20.67	18.80	82.0
Cu	2530	5.33	6.15	7.97	10.35	13.66	16.70	19.05	11.00	4.12	10.24	4.23	23.37	2.61	0.37	10.35	11.49	剔除后对数分布	10.24	10.60	16.00
Ge	2668	1.04	1.10	1.21	1.33	1.46	1.60	1.71	1.34	0.21	1.33	1.25	2.70	0.55	0.15	1.33	1.33	对数正态分布	1.33	1.48	1.44
Hg	2518	0.03	0.03	0.04	0.06	0.07	0.09	0.10	0.06	0.02	0.05	5.12	0.13	0.01	0.40	0.06	0.04	剔除后对数分布	0.05	0.11	0.110
K_2O	2662	1.57	1.86	2.36	2.88	3.47	3.88	4.06	2.89	7.70	2.77	7.31	5.01	0.77	0.33	2.88	2.87	其他分布	2.87	3.27	2.35
Mn	2586	153	182	243	362	547	731	838	414	214	362	31.04	1065	63.5	0.52	362	294	偏峰分布	294	141	440
Mo	2409	0.41	0.47	0.62	0.87	1.25	1.80	2.17	1.01	0.53	0.89	1.65	2.73	0.23	0.53	0.87	0.82	剔除后对数分布	0.89	0.64	0.66
N	2668	0.41	0.56	0.80	1.07	1.35	1.65	1.83	1.09	0.44	1.00	1.60	3.33	0.10	0.40	1.07	1.17	对数正态分布	1.00	1.22	1.28
Ni	2543	2.97	3.59	4.77	6.27	8.46	10.84	12.28	6.78	2.78	6.22	3.28	15.08	1.21	0.41	6.27	6.34	剔除后对数分布	6.22	10.40	35.00
P	2668	0.12	0.17	0.27	0.41	0.59	0.83	1.01	0.47	0.29	0.39	2.27	3.51	0.01	0.62	0.41	0.24	其他分布	0.39	1.06	0.60
Pb	2435	24.48	27.54	32.71	38.87	46.99	58.5	65.6	40.93	12.11	39.24	8.71	78.4	13.66	0.30	38.87	41.34	其他分布	41.34	33.80	32.00
pH	2563	4.60	4.72	4.90	5.09	5.29	5.49	5.63	5.00	5.12	5.10	2.56	5.92	4.30	1.03	5.09	5.10	剔除后正态分布	5.00	4.98	5.10
Se	2668	0.11	0.12	0.14	0.17	0.22	0.29	0.35	0.19	0.08	0.18	2.78	0.87	0.06	0.44	0.17	0.15	对数正态分布	0.18	0.14	0.21
V	2437	20.56	23.07	28.59	36.76	48.18	60.4	68.7	39.57	14.75	36.96	8.42	87.5	5.25	0.37	36.76	38.79	剔除后对数分布	36.96	40.00	35.00
Zn	2515	46.15	51.5	60.3	72.5	88.2	108	120	75.8	21.94	72.7	12.41	140	22.36	0.29	72.5	75.8	其他分布	75.8	101	101
Corg	2668	0.46	0.61	0.89	1.18	1.48	1.81	2.05	1.21	4.84	1.10	3.59	3.87	0.10	0.23	1.18	1.32	对数正态分布	1.10	1.32	1.31

表 3-7 庆元县土壤元素背景值参数统计表

元素/指标	N	$X_{5\%}$	$X_{10\%}$	$X_{25\%}$	$X_{50\%}$	$X_{75\%}$	$X_{90\%}$	$X_{95\%}$	$\overline{X}$	S	$\overline{X}_g$	S_g	X_{max}	X_{min}	CV	X_{me}	X_{mo}	分布类型	庆元县背景值	丽水市背景值	浙江省背景值
As	1796	0.87	1.05	1.47	2.11	3.12	4.35	5.06	2.43	1.29	2.12	2.03	6.35	0.36	0.53	2.11	2.11	剔除后对数分布	2.12	1.70	10.10
B	1823	6.13	7.24	9.18	11.75	14.89	18.69	20.93	12.34	4.38	11.56	4.46	25.01	1.75	0.36	11.75	10.97	剔除后对数分布	11.56	14.61	20.00
Cd	1780	0.05	0.07	0.11	0.15	0.21	0.28	0.32	0.16	0.08	0.14	3.41	0.41	0.01	0.50	0.15	0.15	剔除后对数分布	0.14	0.12	0.14
Co	1922	2.05	2.51	3.31	4.84	7.31	11.00	14.24	6.17	5.26	5.03	3.05	84.7	0.88	0.85	4.84	6.06	对数正态分布	5.03	2.52	14.80
Cr	1752	6.49	9.08	13.97	21.19	29.42	42.16	49.30	23.28	12.73	19.61	6.57	63.5	0.20	0.55	21.19	14.66	剔除后对数分布	19.61	18.80	82.0
Cu	1922	5.29	6.08	8.00	11.83	17.75	27.15	38.14	15.38	13.31	12.47	5.04	165	2.40	0.87	11.83	15.32	剔除后正态分布	12.47	10.60	16.00
Ge	1857	0.88	0.95	1.04	1.16	1.29	1.41	1.49	1.17	0.18	1.16	1.19	1.69	0.66	0.16	1.16	1.14	剔除后正态分布	1.17	1.48	1.44
Hg	1823	0.04	0.04	0.05	0.07	0.09	0.11	0.12	0.07	0.02	0.07	4.56	0.14	0.01	0.34	0.07	0.06	剔除后对数分布	0.07	0.11	0.110
K_2O	1992	0.64	0.76	1.00	1.25	1.51	1.70	1.83	1.25	3.76	1.19	4.57	3.11	0.18	0.36	1.25	1.17	正态分布	1.25	3.27	2.35
Mn	1922	112	132	185	277	423	658	826	354	396	285	27.61	13474	55.7	1.12	277	308	对数分布	285	141	440
Mo	1761	0.45	0.51	0.67	0.90	1.23	1.70	1.98	1.01	0.46	0.91	1.57	2.46	0.19	0.46	0.90	1.04	剔除后对数分布	0.91	0.64	0.66
N	1868	0.45	0.74	1.19	1.50	1.88	2.24	2.45	1.51	0.57	1.38	1.74	2.98	0.13	0.37	1.50	1.42	其他分布	1.42	1.22	1.28
Ni	1720	3.69	4.36	5.68	7.99	11.00	15.18	18.34	8.94	4.38	7.96	3.78	23.18	1.11	0.49	7.99	10.03	剔除后对数分布	7.96	10.40	35.00
P	1774	0.14	0.20	0.31	0.46	0.69	0.97	1.14	0.53	0.30	0.44	2.12	1.47	0.01	0.57	0.46	0.51	剔除后对数分布	0.44	1.06	0.60
Pb	1756	28.69	31.07	35.26	41.09	52.3	68.0	77.5	45.52	14.81	43.41	9.13	93.7	10.06	0.33	41.09	46.88	其他分布	46.88	33.80	32.00
pH	1782	4.49	4.63	4.82	5.01	5.22	5.46	5.63	4.91	5.00	5.03	2.54	5.97	4.15	1.02	5.01	4.98	偏峰分布	4.98	4.98	5.10
Se	1821	0.10	0.12	0.14	0.18	0.23	0.28	0.31	0.19	0.06	0.18	2.74	0.37	0.04	0.33	0.18	0.18	剔除后对数分布	0.18	0.14	0.21
V	1922	19.81	23.52	30.72	46.23	67.7	93.6	113	53.9	32.66	46.37	9.96	398	7.73	0.61	46.23	36.99	对数正态分布	46.37	40.00	106
Zn	1797	47.87	53.0	64.6	79.1	97.2	118	132	82.8	25.30	79.1	12.97	160	24.23	0.31	79.1	75.5	剔除后对数分布	79.1	101	101
Corg	1850	0.53	0.85	1.37	1.77	2.21	2.75	2.97	1.78	6.94	1.60	4.51	3.59	0.06	0.23	1.77	1.58	剔除后正态分布	1.78	1.32	1.31

庆元县表层土壤总体呈酸性,土壤 pH 背景值为 4.98,极大值为 5.97,极小值为 4.15,与丽水市背景值和浙江省背景值基本接近。

表层土壤各元素/指标中,As、Cd、Co、Cr、Cu、Mn、Mo、Ni、P、pH、V 共 11 项元素/指标变异系数大于 0.40,其中 Co、Cu、Mn、pH 变异系数大于 0.80,空间变异性较大。

与丽水市土壤元素背景值相比,庆元县土壤元素背景值中 K_2O、P 背景值明显低于丽水市背景值,其中 K_2O 背景值仅为丽水市背景值的 38%;B、Ge、Hg、Ni、Zn 背景值略低于丽水市背景值;As、Pb、Se、Corg 背景值略高于丽水市背景值,与丽水市背景值比值在 1.2~1.4 之间;而 Co、Mn、Mo 背景值明显偏高,是丽水市背景值的 1.4 倍以上,其中 Co、Mn 明显相对富集,背景值是丽水市背景值的 2.0 倍左右;其他元素/指标背景值则与丽水市背景值基本接近。

与浙江省土壤元素背景值相比,庆元县土壤元素背景值中 As、B、Co、Cr、K_2O、Ni、V 背景值明显偏低,在浙江省背景值的 60% 以下,其中 As 背景值为浙江省背景值的 20.1%;Cu、Hg、Mn、P、Zn 背景值略低于浙江省背景值;Mo、Corg 背景值略高于浙江省背景值;Pb 背景值明显高于浙江省背景值,是浙江省背景值的 1.47 倍;其他元素/指标背景值则与浙江省背景值基本接近。

八、松阳县土壤元素背景值

松阳县土壤元素背景值数据经正态分布检验,结果表明(表 3-8),原始数据 B、K_2O、P 符合对数正态分布,N、pH 剔除异常值后符合正态分布,As、Co、Mo、Pb、V、Zn 剔除异常值后符合对数正态分布,其他元素/指标不符合正态分布或对数正态分布。

松阳县表层土壤总体呈酸性,土壤 pH 背景值为 4.48,极大值为 6.02,极小值为 3.42,与丽水市背景值和浙江省背景值基本接近。

表层土壤各元素/指标中,As、B、Cd、Co、Cr、Cu、Mn、Ni、P、pH 共 10 项元素/指标变异系数大于 0.40,其中 pH 变异系数大于 0.80,空间变异性较大。

与丽水市土壤元素背景值相比,松阳县土壤元素背景值中 P 背景值明显低于丽水市背景值,为丽水市背景值的 57%;Zn 背景值略低于丽水市背景值;Cu、Mo 背景值略高于丽水市背景值,与丽水市背景值比值为 1.2~1.4;As、Co 背景值明显偏高,是丽水市背景值的 1.4 倍以上,其中 As 明显相对富集,背景值接近丽水市背景值的 2 倍;其他元素/指标背景值则与丽水市背景值基本接近。

与浙江省土壤元素背景值相比,松阳县土壤元素背景值中 As、Co、Cr、Mn、Ni、V 背景值明显偏低,在浙江省背景值的 60% 以下,其中 Cr 背景值最低,为浙江省背景值的 22.9%;B、Se、Zn 背景值略低于浙江省背景值;其他元素/指标背景值则与浙江省背景值基本接近。

九、遂昌县土壤元素背景值

遂昌县土壤元素背景值数据经正态分布检验,结果表明(表 3-9),原始数据 N、Corg 符合正态分布,B、Co、Cr、Cu、Hg、P、V 符合对数正态分布,As、Cd、Mn、Mo、Ni、Se、Zn 剔除异常值后符合对数正态分布,其他元素/指标不符合正态分布或对数正态分布。

遂昌县表层土壤总体呈酸性,土壤 pH 背景值为 5.15,极大值为 6.12,极小值为 4.17,与丽水市背景值和浙江省背景值基本接近。

表层土壤各元素/指标中,As、B、Co、Cr、Cu、Hg、Mn、P、pH、V 共 10 项元素/指标变异系数大于 0.40,其中 pH 变异系数大于 0.80,空间变异性较大。

与丽水市土壤元素背景值相比,遂昌县土壤元素背景值中 P 背景值明显低于丽水市背景值,为丽水市背景值的 50%;Hg、Ni、Zn 背景值略低于丽水市背景值;Cr、N 背景值略高于丽水市背景值;As、Co、Mn、Mo、Se 背景值明显偏高,是丽水市背景值的 1.4 倍以上,其中 Co 明显相对富集,背景值接近丽水市背景值

表 3-8 松阳县土壤元素背景值参数统计表

元素/指标	N	$X_{5\%}$	$X_{10\%}$	$X_{25\%}$	$X_{50\%}$	$X_{75\%}$	$X_{90\%}$	$X_{95\%}$	$\overline{X}$	S	$\overline{X}_g$	S_g	X_{max}	X_{min}	CV	X_{me}	X_{mo}	分布类型	松阳县背景值	丽水市背景值	浙江省背景值
As	2136	1.34	1.67	2.36	3.41	5.00	6.92	8.34	3.91	2.10	3.39	2.48	10.70	0.35	0.54	3.41	2.74	剔除后对数分布	3.39	1.70	10.10
B	2335	4.43	6.70	10.90	16.30	23.60	31.80	36.34	18.05	10.02	15.14	5.67	85.5	1.60	0.55	16.30	1.60	对数正态分布	15.14	14.61	20.00
Cd	2202	0.05	0.06	0.09	0.12	0.16	0.21	0.24	0.13	0.06	0.11	3.72	0.29	0.02	0.44	0.12	0.12	其他分布	0.12	0.12	0.14
Co	2152	2.31	2.65	3.35	4.57	6.45	9.33	11.10	5.26	2.62	4.70	2.73	13.30	1.00	0.50	4.57	3.60	剔除后对数分布	4.70	2.52	14.80
Cr	2175	11.00	12.60	16.30	22.30	31.80	48.30	55.1	26.02	13.39	23.03	6.57	66.1	4.45	0.51	22.30	18.80	其他分布	18.80	18.80	82.0
Cu	2252	5.35	6.57	8.88	12.90	17.12	21.29	24.80	13.45	5.75	12.20	4.63	30.60	3.03	0.43	12.90	14.40	其他分布	14.40	10.60	16.00
Ge	2225	1.09	1.16	1.31	1.45	1.58	1.71	1.83	1.45	0.22	1.43	1.29	2.03	0.88	0.15	1.45	1.58	其他分布	1.58	1.48	1.44
Hg	2161	0.04	0.04	0.05	0.06	0.08	0.10	0.11	0.07	0.02	0.06	4.76	0.13	0.01	0.35	0.06	0.11	偏峰分布	0.11	0.11	0.110
K₂O	2335	1.46	1.73	2.20	2.72	3.34	3.93	4.35	2.80	8.80	2.66	7.29	7.83	0.30	0.37	2.72	3.20	对数正态分布	2.66	3.27	2.35
Mn	2152	87.3	109	144	194	278	406	475	226	116	199	22.13	580	30.10	0.51	194	156	其他分布	156	141	440
Mo	2121	0.44	0.50	0.60	0.75	0.97	1.24	1.42	0.82	0.30	0.77	1.46	1.79	0.30	0.36	0.75	0.64	剔除后对数分布	0.77	0.64	0.66
N	2284	0.63	0.80	1.07	1.36	1.64	1.94	2.11	1.36	0.43	1.28	1.50	2.53	0.28	0.32	1.36	1.38	剔除后正态分布	1.28	1.22	1.28
Ni	2155	3.88	4.48	5.75	7.71	11.00	16.20	19.43	9.03	4.57	8.03	3.69	23.10	2.00	0.51	7.71	10.20	其他分布	10.20	10.40	35.00
P	2335	0.17	0.24	0.42	0.64	0.94	1.29	1.60	0.73	0.47	0.60	2.01	4.03	0.06	0.64	0.64	1.06	对数分布	0.60	1.06	0.60
Pb	2170	23.90	26.70	31.00	36.90	42.90	50.3	55.0	37.62	9.33	36.46	8.22	65.1	11.50	0.25	36.90	38.00	剔除后对数分布	36.46	33.80	32.00
pH	2297	3.94	4.10	4.39	4.74	5.04	5.36	5.55	4.48	4.38	4.73	2.45	6.02	3.42	0.98	4.74	4.87	剔除后正态分布	4.48	4.98	5.10
Se	2188	0.11	0.12	0.14	0.18	0.23	0.30	0.34	0.19	0.07	0.18	2.80	0.41	0.06	0.36	0.18	0.14	其他分布	0.14	0.14	0.21
V	2184	23.40	27.10	34.10	43.20	56.0	72.6	81.5	46.55	17.28	43.49	9.16	96.9	11.60	0.37	43.20	40.00	剔除后对数分布	43.49	40.00	106
Zn	2211	38.75	42.90	51.1	64.4	80.5	99.6	111	67.9	21.71	64.6	11.41	131	21.00	0.32	64.4	111	剔除后对数分布	64.6	101	101
Corg	2254	0.73	0.91	1.12	1.35	1.68	2.01	2.20	1.40	4.29	1.33	3.75	2.59	0.24	0.18	1.35	1.12	其他分布	1.32	1.32	1.31

第三章 土壤元素背景值

表3-9 遂昌县土壤元素背景值参数统计表

元素/指标	N	$X_{5\%}$	$X_{10\%}$	$X_{25\%}$	$X_{50\%}$	$X_{75\%}$	$X_{90\%}$	$X_{95\%}$	$\bar{X}$	S	$\bar{X}_g$	S_g	X_{max}	X_{min}	CV	X_{me}	X_{mo}	分布类型	遂昌县背景值	丽水市背景值	浙江省背景值
As	1489	1.16	1.40	1.92	2.71	3.73	4.81	5.58	2.94	1.33	2.65	2.10	7.06	0.80	0.45	2.71	2.41	剔除后对数分布	2.65	1.70	10.10
B	1587	6.05	7.36	10.46	15.65	22.29	31.14	39.52	17.85	10.33	15.27	5.66	68.8	1.88	0.58	15.65	13.97	对数正态分布	15.27	14.61	20.00
Cd	1515	0.05	0.07	0.09	0.12	0.15	0.19	0.21	0.12	0.05	0.12	3.66	0.26	0.04	0.37	0.12	0.13	剔除后正态分布	0.12	0.12	0.14
Co	1587	2.25	2.52	3.28	4.63	7.21	10.40	13.17	5.80	3.89	4.92	2.85	38.00	1.21	0.67	4.63	4.76	对数正态分布	4.92	2.52	14.80
Cr	1587	11.70	13.50	17.70	24.10	35.30	50.3	61.0	29.24	18.46	25.31	7.07	175	6.39	0.63	24.10	17.80	对数正态分布	25.31	18.80	82.0
Cu	1587	6.61	7.60	9.36	12.10	16.20	21.00	24.97	13.68	7.35	12.41	4.61	101	3.21	0.54	12.10	12.20	对数正态分布	12.41	10.60	16.00
Ge	1532	1.09	1.13	1.22	1.32	1.47	1.63	1.72	1.35	0.19	1.34	1.25	1.89	0.92	0.14	1.32	1.23	偏峰分布	1.23	1.48	1.44
Hg	1587	0.04	0.04	0.05	0.07	0.09	0.12	0.14	0.08	0.04	0.07	4.49	0.53	0.01	0.50	0.07	0.07	对数正态分布	0.07	0.11	0.110
K₂O	1581	1.39	1.92	2.59	3.35	3.95	4.49	4.81	3.27	10.19	3.07	7.80	5.94	0.57	0.37	3.35	3.81	偏峰分布	3.81	3.27	2.35
Mn	1499	96.0	110	141	190	278	378	448	221	107	198	21.58	540	47.00	0.48	190	175	剔除后对数分布	198	141	440
Mo	1503	0.50	0.57	0.69	0.91	1.18	1.49	1.67	0.97	0.35	0.91	1.44	2.04	0.34	0.37	0.91	1.02	剔除后正态分布	0.91	0.64	0.66
N	1587	0.68	0.91	1.23	1.53	1.83	2.10	2.26	1.52	0.48	1.42	1.59	3.28	0.07	0.31	1.53	1.47	正态分布	1.52	1.22	1.28
Ni	1481	4.34	4.87	6.01	7.79	10.40	13.80	15.50	8.57	3.40	7.95	3.60	18.70	2.47	0.40	7.79	10.10	剔除后对数分布	7.95	10.40	35.00
P	1587	0.21	0.28	0.39	0.53	0.74	0.99	1.23	0.60	0.32	0.53	1.86	2.76	0.04	0.54	0.53	0.56	对数正态分布	0.53	1.06	0.60
Pb	1480	26.19	28.40	32.10	36.20	41.50	47.10	51.3	37.16	7.50	36.42	8.12	59.3	16.60	0.20	36.20	32.90	其他分布	32.90	33.80	32.00
pH	1547	4.48	4.62	4.91	5.17	5.39	5.61	5.77	4.98	4.98	5.15	2.58	6.12	4.17	1.00	5.17	5.15	其他分布	5.15	4.98	5.10
Se	1514	0.14	0.15	0.17	0.21	0.25	0.30	0.33	0.22	0.06	0.21	2.50	0.39	0.07	0.27	0.21	0.20	剔除后对数分布	0.21	0.14	0.21
V	1587	16.30	18.50	24.30	35.30	51.9	68.8	87.6	41.79	25.49	36.11	8.33	200	8.74	0.61	35.30	23.40	对数正态分布	36.11	40.00	106
Zn	1509	52.6	57.1	65.1	76.7	91.6	111	123	80.4	20.72	77.9	12.57	138	37.10	0.26	76.7	103	剔除后对数分布	77.9	101	101
Corg	1587	0.70	0.88	1.11	1.42	1.71	1.97	2.13	1.43	4.49	1.34	3.87	3.37	0.09	0.19	1.42	1.65	正态分布	1.43	1.32	1.31

的 2 倍；其他元素/指标背景值则与丽水市背景值基本接近。

与浙江省土壤元素背景值相比，遂昌县土壤元素背景值中 As、Co、Cr、Mn、Ni、V 背景值明显偏低，在浙江省背景值的 60% 以下，其中 Ni 背景值最低，为浙江省背景值的 22.7%；B、Cu、Hg、Zn 背景值略低于浙江省背景值；Mo、K_2O 背景值明显高于浙江省背景值，其中 K_2O 背景值是浙江省背景值的 1.62 倍；其他元素/指标背景值则与浙江省背景值基本接近。

十、云和县土壤元素背景值

云和县土壤元素背景值数据经正态分布检验，结果表明（表 3-10），原始数据 K_2O 符合正态分布，As、B、Cd、Co、Cr、Cu、Ge、Hg、Mo、N、Ni、P、Pb、Se、V、Zn、C_{org} 符合对数正态分布，pH 剔除异常值后符合正态分布，Mn 剔除异常值后符合对数正态分布。

云和县表层土壤总体呈酸性，土壤 pH 背景值为 4.63，极大值为 5.72，极小值为 3.83，与丽水市背景值和浙江省背景值基本接近。

表层土壤各元素/指标中，As、B、Cd、Co、Cr、Hg、Mn、Mo、Ni、P、Pb、pH、V 共 13 项元素/指标变异系数大于 0.40，其中 As、pH 变异系数大于 0.80，空间变异性较大。

与丽水市土壤元素背景值相比，云和县土壤元素背景值中 Hg、P 背景值明显低于丽水市背景值，低于丽水市背景值的 60%；Ni 背景值略低于丽水市背景值；As、Mo、N、Pb、Se、C_{org} 背景值略高于丽水市背景值；Cd、Co、Mn 背景值明显偏高，是丽水市背景值的 1.4 倍以上；其他元素/指标背景值则与丽水市背景值基本接近。

与浙江省土壤元素背景值相比，云和县土壤元素背景值中 As、Co、Cr、Hg、Mn、Ni、V 背景值明显偏低，在浙江省背景值的 60% 以下，其中 Ni 背景值最低，仅为浙江省背景值的 21%；Cd、K_2O、Pb、C_{org} 背景值略高于浙江省背景值；其他元素/指标背景值则与浙江省背景值基本接近。

第二节 主要土壤母质类型元素背景值

一、松散岩类沉积物土壤母质元素背景值

丽水市松散岩类沉积物土壤母质元素背景值数据经正态分布检验，结果表明（表 3-11），原始数据中 Ge、pH 符合正态分布，As、Cd、Cr、Hg、Mo、P、Pb、Se 符合对数正态分布，K_2O、N、Zn、C_{org} 剔除异常值后符合正态分布，B、Co、Cu、Mn、Ni 剔除异常值后符合对数正态分布，V 不符合正态分布或对数正态分布。

松散岩类沉积物表层土壤总体为酸性，土壤 pH 背景值为 4.42，极大值为 7.59，极小值为 3.42，与丽水市背景值基本接近。

表层土壤各元素/指标中，绝大多数元素/指标变异系数小于 0.40，分布相对均匀；仅 As、Cd、Hg、P、pH 共 5 项元素/指标变异系数大于 0.40，其中 pH 变异系数大于 0.80，空间变异性较大。

与丽水市土壤元素背景值相比，松散岩类沉积物区土壤元素背景值中 Ni、Zn 背景值略低于丽水市背景值；Mo、Pb 背景值略高于丽水市背景值，与丽水市背景值的比值在 1.2~1.4 之间；而 As、Co、Cu、Mn 背景值明显偏高，与丽水市背景值的比值在 1.4 以上，其中 As 背景值与丽水市背景值的比值为 2.29；其他元素/指标背景值则与丽水市背景值基本接近。

第三章 土壤元素背景值

表 3-10 云和县土壤元素背景值参数统计表

元素/指标	N	$X_{5\%}$	$X_{10\%}$	$X_{25\%}$	$X_{50\%}$	$X_{75\%}$	$X_{90\%}$	$X_{95\%}$	$\bar{X}$	S	$\bar{X}_g$	S_g	X_{max}	X_{min}	CV	X_{me}	X_{mo}	分布类型	云和县背景值	丽水市背景值	浙江省背景值
As	577	0.85	1.03	1.47	2.15	3.21	4.62	5.71	2.69	2.53	2.19	2.17	39.25	0.49	0.94	2.15	5.08	对数正态分布	2.19	1.70	10.10
B	577	5.93	6.98	9.02	12.21	17.27	24.51	28.84	14.14	7.45	12.54	4.97	56.8	2.56	0.53	12.21	14.34	对数正态分布	12.54	14.61	20.00
Cd	577	0.09	0.10	0.13	0.17	0.21	0.27	0.31	0.18	0.09	0.17	2.97	0.93	0.03	0.51	0.17	0.19	对数正态分布	0.17	0.12	0.14
Co	577	2.30	2.70	3.48	4.63	6.41	8.34	9.43	5.23	2.76	4.70	2.72	26.29	1.58	0.53	4.63	5.51	对数正态分布	4.70	2.52	14.80
Cr	577	8.96	9.98	13.22	17.68	25.01	34.84	43.06	21.38	15.26	18.53	6.13	191	5.96	0.71	17.68	22.42	对数正态分布	18.53	18.80	82.0
Cu	577	6.13	6.81	8.01	9.70	12.21	14.93	18.29	10.61	4.14	9.99	4.06	38.39	4.06	0.39	9.70	10.60	对数正态分布	9.99	10.60	16.00
Ge	577	1.00	1.04	1.12	1.25	1.42	1.58	1.68	1.29	0.21	1.27	1.24	2.16	0.84	0.17	1.25	1.16	对数正态分布	1.27	1.48	1.44
Hg	577	0.04	0.04	0.05	0.06	0.08	0.11	0.14	0.07	0.03	0.06	4.68	0.22	0.02	0.44	0.06	0.05	对数正态分布	0.06	0.11	0.110
K_2O	577	1.87	2.05	2.51	3.05	3.57	4.17	4.43	3.07	7.87	2.98	7.58	5.28	1.24	0.31	3.05	3.06	正态分布	2.98	3.27	2.35
Mn	563	108	127	162	234	344	460	505	264	126	236	24.16	623	68.1	0.48	234	229	剔除后对数正态分布	236	141	440
Mo	577	0.38	0.45	0.55	0.73	0.99	1.37	1.95	0.89	0.61	0.77	1.65	5.18	0.30	0.68	0.73	0.59	对数正态分布	0.77	0.64	0.66
N	577	0.87	0.96	1.22	1.52	1.88	2.31	2.55	1.59	0.54	1.50	1.58	4.15	0.29	0.34	1.52	1.80	对数正态分布	1.50	1.22	1.28
Ni	577	3.30	4.08	5.32	7.24	10.31	14.30	17.27	8.47	5.41	7.37	3.76	65.1	1.50	0.64	7.24	7.64	对数正态分布	7.37	10.40	35.00
P	577	0.23	0.27	0.38	0.54	0.74	1.02	1.22	0.61	0.33	0.53	1.86	2.41	0.05	0.54	0.54	0.35	对数正态分布	0.53	1.06	0.60
Pb	577	29.49	31.46	35.85	42.76	50.1	60.5	67.8	46.65	31.20	43.57	9.14	572	23.31	0.67	42.76	35.28	对数正态分布	43.57	33.80	32.00
pH	545	4.15	4.34	4.55	4.75	4.99	5.18	5.34	4.63	4.66	4.76	2.47	5.72	3.83	1.01	4.75	4.76	剔除后正态分布	4.76	4.98	5.10
Se	577	0.11	0.12	0.14	0.16	0.20	0.23	0.28	0.17	0.06	0.17	2.84	0.56	0.08	0.32	0.16	0.13	对数正态分布	0.17	0.14	0.21
V	577	19.94	22.59	29.19	40.65	62.5	81.7	93.4	48.27	26.09	42.61	9.19	222	13.85	0.54	40.65	29.52	对数正态分布	42.61	40.00	106
Zn	577	54.5	57.7	67.9	82.0	104	121	133	88.7	33.48	84.3	13.33	373	44.10	0.38	82.0	97.1	对数正态分布	84.3	101	101
Corg	577	0.85	0.99	1.26	1.63	2.06	2.71	3.01	1.73	6.75	1.61	4.36	4.76	0.34	0.23	1.63	1.31	对数正态分布	1.61	1.32	1.31

表 3-11 松散岩类沉积物土壤母质元素背景值参数统计表

元素/指标	N	$X_{5\%}$	$X_{10\%}$	$X_{25\%}$	$X_{50\%}$	$X_{75\%}$	$X_{90\%}$	$X_{95\%}$	$\overline{X}$	S	$\overline{X}_g$	S_g	X_{max}	X_{min}	CV	X_{me}	X_{mo}	分布类型	松散岩类沉积物背景值	丽水市背景值
As	621	1.75	2.12	2.91	4.07	5.10	6.67	7.93	4.31	2.09	3.89	2.48	21.82	0.87	0.49	4.07	3.33	对数正态分布	3.89	1.70
B	583	5.82	8.78	12.30	15.24	18.82	23.46	27.60	15.65	5.96	14.20	5.16	30.80	1.60	0.38	15.24	1.60	剔除后对数分布	14.20	14.61
Cd	621	0.07	0.09	0.11	0.14	0.18	0.24	0.28	0.16	0.10	0.14	3.28	1.75	0.03	0.63	0.14	0.12	对数正态分布	0.14	0.12
Co	575	2.33	2.62	3.04	3.63	4.38	5.12	5.57	3.76	1.00	3.63	2.22	6.66	1.77	0.27	3.63	3.39	剔除后对数正态分布	3.63	2.52
Cr	621	11.90	13.90	17.57	22.79	28.70	35.10	39.60	24.05	9.34	22.44	6.33	84.8	6.29	0.39	22.79	17.80	剔除后对数正态分布	22.44	18.80
Cu	583	10.41	11.62	13.61	16.00	19.38	22.89	25.59	16.70	4.42	16.13	5.17	29.09	6.64	0.26	16.00	14.40	剔除后对数正态分布	16.13	10.60
Ge	621	1.04	1.11	1.20	1.33	1.47	1.55	1.61	1.34	0.19	1.33	1.24	2.14	0.75	0.14	1.33	1.46	正态分布	1.34	1.48
Hg	621	0.04	0.05	0.07	0.09	0.11	0.14	0.17	0.10	0.05	0.09	3.96	0.54	0.02	0.49	0.09	0.11	对数正态分布	0.09	0.11
K$_2$O	609	2.04	2.31	2.77	3.16	3.52	3.86	4.12	3.13	5.95	3.07	7.80	4.51	1.54	0.23	3.16	3.29	剔除后正态分布	3.13	3.27
Mn	564	127	142	171	216	262	313	351	222	69.4	211	22.04	441	45.60	0.31	216	156	剔除后对数正态分布	211	141
Mo	621	0.53	0.56	0.64	0.76	0.92	1.13	1.26	0.81	0.29	0.78	1.39	3.97	0.38	0.36	0.76	0.75	对数正态分布	0.78	0.64
N	594	0.83	0.97	1.19	1.39	1.63	1.94	2.13	1.42	0.38	1.37	1.43	2.38	0.49	0.26	1.39	1.52	剔除后正态分布	1.37	1.22
Ni	591	4.38	4.91	5.76	7.27	8.92	10.50	12.01	7.52	2.26	7.20	3.28	14.45	3.64	0.30	7.27	7.42	剔除后对数分布	7.20	10.40
P	621	0.41	0.49	0.64	0.87	1.13	1.48	1.71	0.94	0.44	0.85	1.57	3.44	0.11	0.47	0.87	1.06	对数正态分布	0.85	1.06
Pb	621	27.60	30.97	36.30	42.25	49.56	57.5	61.9	43.84	13.19	42.29	9.03	198	15.10	0.30	42.25	39.40	对数正态分布	42.29	33.80
pH	621	3.89	4.00	4.30	4.69	5.09	5.46	5.76	4.42	4.33	4.73	2.47	7.59	3.42	0.98	4.69	4.72	正态分布	4.42	4.98
Se	621	0.11	0.12	0.14	0.16	0.19	0.22	0.24	0.17	0.05	0.16	2.90	0.60	0.07	0.29	0.16	0.13	对数正态分布	0.16	0.14
V	589	25.97	27.96	31.24	36.40	44.92	52.1	58.1	38.65	9.79	37.49	8.20	68.8	15.04	0.25	36.40	43.00	偏峰分布	43.00	40.00
Zn	594	43.63	47.37	56.0	66.9	78.6	90.6	98.7	68.0	16.79	65.9	11.44	116	28.60	0.25	66.9	60.8	剔除后正态分布	68.0	101
Corg	592	0.78	0.89	1.08	1.29	1.51	1.77	2.00	1.31	3.46	1.26	3.59	2.20	0.42	0.15	1.29	1.53	剔除后正态分布	1.31	1.32

注：N、P 单位为 g/kg，K$_2$O、Corg 单位为 %，pH 为无量纲，其他元素、指标单位为 mg/kg；后表单位相同。

二、古土壤风化物土壤母质元素背景值

古土壤风化物土壤母质元素背景值数据经正态分布检验,结果表明(表3-12),原始数据中As、B、Cr、K_2O、N、P、Se、V、Corg 符合正态分布,Cd、Co、Hg、Mo、Pb、pH、Zn 符合对数正态分布,Cu、Ge、Mn、Ni 剔除异常值后符合正态分布。

古土壤风化物表层土壤总体为酸性,土壤pH背景值为5.10,极大值为7.76,极小值为4.04,与丽水市背景值基本接近。

表层土壤各元素/指标中,大多数元素/指标变异系数小于0.40,分布相对均匀;仅B、Hg、Mo、pH变异系数大于0.40,其中Hg、pH变异系数大于0.80,空间变异性较大。

与丽水市土壤元素背景值相比,古土壤风化物区土壤元素背景值中K_2O、Ni、Zn背景值略低于丽水市背景值;Cr背景值略高于丽水市背景值,与丽水市背景值比值在1.2~1.4之间;而As、B、Cd、Co、Cu、Mn、Mo、N、Se、Corg背景值明显偏高,与丽水市背景值比值均在1.4以上,其中As、B、Mn背景值为丽水市背景值的2.0倍以上,As背景值最高,为丽水市背景值的3.0倍;其他元素/指标背景值则与丽水市背景值基本接近。

三、碎屑岩类风化物土壤母质元素背景值

碎屑岩类风化物土壤母质元素背景值数据经正态分布检验,结果表明(表3-13),原始数据中K_2O符合正态分布,As、B、Cd、Cu、Ge、Mo、N、Ni、P、Se、Zn、Corg符合对数正态分布,pH剔除异常值后符合正态分布,Co、Cr、Hg、Mn、Pb、V剔除异常值后符合对数正态分布。

碎屑岩类风化物表层土壤总体为酸性,土壤pH背景值为4.71,极大值为6.00,极小值为3.81,与丽水市背景值基本接近。

表层土壤各元素/指标中,除了Ge、Hg、K_2O、Pb、V、Zn外,其他元素/指标变异系数大于0.40,分布不均匀,尤其是As、Mo、pH变异系数大于0.80,空间变异性较大。

与丽水市土壤元素背景值相比,碎屑岩类风化物区土壤元素背景值中Hg、P背景值明显偏低;K_2O、Zn背景值略低于丽水市背景值;Cu、Se、V背景值略高于丽水市背景值,与丽水市背景值比值在1.2~1.4之间;而As、B、Co、Cr、Mn背景值明显偏高,与丽水市背景值比值均在1.4以上,其中As、Co、Mn背景值为丽水市背景值的2.0倍或以上;其他元素/指标背景值则与丽水市背景值基本接近。

四、紫色碎屑岩类风化物土壤母质元素背景值

紫色碎屑岩类风化物土壤母质元素背景值数据经正态分布检验,结果表明(表3-14),原始数据中K_2O、N符合正态分布,As、B、Cd、Hg、P、Se、Zn符合对数正态分布,Ge、pH剔除异常值后符合正态分布,Co、Cr、Cu、Pb、Corg剔除异常值后符合对数正态分布,其他元素/指标不符合正态分布或对数正态分布。

紫色碎屑岩类风化物区表层土壤总体为酸性,土壤pH背景值为4.47,极大值为6.48,极小值为3.47,接近于丽水市背景值。

表层土壤各元素/指标中,除了Cu、Ge、K_2O、Mo、N、Pb、Zn、Corg外,其他元素/指标变异系数大于0.40,分布不均匀,尤其是Hg、pH变异系数大于0.80,空间变异性较大。

与丽水市土壤元素背景值相比,紫色碎屑岩类风化物区土壤元素背景值中Hg、P背景值明显偏低;K_2O、Zn背景值略低于丽水市背景值;B、Cr、V背景值略高于丽水市背景值,与丽水市背景值比值在1.2~1.4之间;而As、Co、Cu背景值明显偏高,与丽水市背景值比值均在1.4以上,其中As、Co背景值均为丽水市背景值的2.0倍以上;其他元素/指标背景值则与丽水市背景值基本接近。

丽水市土壤元素背景值

表3-12 古土壤风化物土壤母质元素背景值参数统计表

元素/指标	N	$X_{5\%}$	$X_{10\%}$	$X_{25\%}$	$X_{50\%}$	$X_{75\%}$	$X_{90\%}$	$X_{95\%}$	$\bar{X}$	S	$\bar{X}_g$	S_g	X_{max}	X_{min}	CV	X_{me}	X_{mo}	分布类型	古土壤风化物背景值	丽水市背景值
As	155	2.10	2.67	3.93	4.89	6.34	7.56	8.09	5.12	1.98	4.73	2.69	14.22	1.19	0.39	4.89	5.10	正态分布	5.12	1.70
B	155	8.61	10.16	16.62	26.76	41.95	51.2	56.0	29.37	15.44	25.13	7.17	66.3	5.49	0.53	26.76	29.32	正态分布	29.37	14.61
Cd	155	0.14	0.16	0.18	0.21	0.25	0.31	0.35	0.23	0.08	0.22	2.51	0.57	0.06	0.35	0.21	0.20	对数正态分布	0.22	0.12
Co	155	2.84	3.06	3.49	4.01	4.97	6.53	8.04	4.48	1.65	4.25	2.37	11.55	2.41	0.37	4.01	3.75	对数正态分布	4.25	2.52
Cr	155	13.79	14.56	18.00	22.48	30.29	36.12	41.28	24.65	9.33	23.05	6.31	61.5	6.25	0.38	22.48	21.61	剔除后正态分布	24.65	18.80
Cu	142	10.76	11.89	13.17	15.09	17.35	19.21	20.68	15.27	3.15	14.94	4.90	24.11	7.47	0.21	15.09	15.28	剔除后正态分布	15.27	10.60
Ge	140	1.15	1.19	1.25	1.31	1.37	1.42	1.45	1.30	0.09	1.18	1.18	1.55	1.05	0.07	1.31	1.28	正态分布	1.31	1.48
Hg	155	0.05	0.06	0.07	0.09	0.11	0.14	0.17	0.11	0.17	0.09	3.92	2.10	0.02	1.51	0.09	0.08	对数正态分布	0.09	0.11
K₂O	155	1.37	1.49	1.76	2.48	2.99	3.42	3.60	2.45	7.28	2.34	6.89	4.22	1.06	0.36	2.48	2.48	正态分布	2.45	3.27
Mn	144	183	202	227	280	339	395	451	294	81.5	283	26.06	525	142	0.28	280	264	剔除后正态分布	294	141
Mo	155	0.72	0.77	0.86	1.00	1.24	1.76	2.02	1.19	0.71	1.09	1.46	7.07	0.52	0.59	1.00	0.79	对数正态分布	1.09	0.64
N	155	0.98	1.16	1.45	1.90	2.44	2.77	2.97	1.94	0.64	1.82	1.73	3.32	0.26	0.33	1.90	1.93	正态分布	1.94	1.22
Ni	143	4.15	4.64	5.47	6.53	7.44	9.33	9.79	6.65	1.74	6.42	3.01	11.74	1.82	0.26	6.53	6.66	剔除后正态分布	6.65	10.40
P	155	0.44	0.51	0.67	0.81	0.98	1.17	1.39	0.85	0.32	0.79	1.50	2.38	0.11	0.37	0.81	0.75	正态分布	0.85	1.06
Pb	155	30.62	31.75	34.11	37.88	42.24	55.8	67.1	41.17	12.56	39.82	8.53	106	28.22	0.30	37.88	39.10	对数正态分布	39.82	33.80
pH	155	4.39	4.56	4.82	5.03	5.29	5.80	6.02	4.87	4.82	5.10	2.56	7.76	4.04	0.99	5.03	5.14	正态分布	5.10	4.98
Se	155	0.15	0.16	0.18	0.20	0.23	0.25	0.26	0.20	0.03	0.20	2.52	0.31	0.11	0.16	0.20	0.21	正态分布	0.20	0.14
V	155	28.43	29.75	33.44	39.66	49.00	57.8	61.9	42.32	11.61	40.87	8.45	84.9	19.99	0.27	39.66	40.36	正态分布	42.32	40.00
Zn	155	60.0	62.3	68.9	77.2	90.3	101	116	81.9	23.30	79.7	12.55	278	55.1	0.28	77.2	88.0	对数正态分布	79.7	101
Corg	155	0.93	1.06	1.35	1.76	2.41	2.80	2.94	1.91	7.16	1.76	4.49	4.63	0.26	0.22	1.76	1.72	正态分布	1.91	1.32

第三章 土壤元素背景值

表3-13 碎屑岩类风化物土壤母质元素背景值参数统计表

元素/指标	N	$X_{5\%}$	$X_{10\%}$	$X_{25\%}$	$X_{50\%}$	$X_{75\%}$	$X_{90\%}$	$X_{95\%}$	$\bar{X}$	S	$\bar{X}_g$	S_g	X_{max}	X_{min}	CV	X_{me}	X_{mo}	分布类型	碎屑岩类风化物背景值	丽水市背景值
As	995	1.37	1.64	2.42	3.84	6.10	8.85	11.62	5.12	7.54	3.88	2.86	195	0.40	1.47	3.84	1.46	对数正态分布	3.88	1.70
B	995	9.55	11.43	16.58	22.73	31.29	43.45	54.0	26.04	15.50	22.57	6.73	138	3.71	0.60	22.73	25.58	对数正态分布	22.57	14.61
Cd	995	0.05	0.07	0.10	0.14	0.19	0.25	0.31	0.16	0.09	0.14	3.52	1.16	0.01	0.60	0.14	0.12	对数正态分布	0.14	0.12
Co	915	2.86	3.26	4.18	5.58	8.21	11.35	13.07	6.51	3.18	5.83	3.06	16.46	1.60	0.49	5.58	6.29	剔除后对数正态分布	5.83	2.52
Cr	934	14.00	16.78	22.35	28.27	38.41	50.4	56.8	31.04	12.91	28.41	7.33	69.7	2.67	0.42	28.27	25.10	剔除后对数正态分布	28.41	18.80
Cu	995	6.54	8.18	10.45	13.90	19.23	25.42	30.25	15.78	8.11	14.14	5.05	73.3	3.05	0.51	13.90	14.81	对数正态分布	14.14	10.60
Ge	995	1.06	1.12	1.23	1.35	1.49	1.64	1.75	1.38	0.23	1.36	1.26	3.72	0.82	0.17	1.35	1.23	对数正态分布	1.36	1.48
Hg	947	0.03	0.04	0.05	0.06	0.07	0.09	0.10	0.06	0.02	0.06	4.89	0.12	0.01	0.32	0.06	0.06	剔除后对数正态分布	0.06	0.11
K_2O	995	1.37	1.61	2.05	2.49	2.92	3.34	3.58	2.48	6.78	2.39	6.82	4.92	0.54	0.33	2.49	2.70	正态分布	2.48	3.27
Mn	928	99.4	132	196	289	416	629	739	331	188	281	27.05	889	40.43	0.57	289	335	剔除后对数正态分布	281	141
Mo	995	0.37	0.43	0.52	0.69	0.93	1.26	1.65	0.84	0.80	0.72	1.66	15.11	0.27	0.95	0.69	0.52	对数正态分布	0.72	0.64
N	995	0.57	0.68	0.97	1.33	1.72	2.21	2.57	1.39	0.61	1.26	1.67	4.09	0.10	0.44	1.33	1.43	对数正态分布	1.26	1.22
Ni	995	5.14	5.77	7.48	9.90	14.44	21.26	25.64	12.34	8.35	10.62	4.36	77.6	1.96	0.68	9.90	12.26	对数正态分布	10.62	10.40
P	995	0.15	0.20	0.33	0.53	0.82	1.16	1.44	0.63	0.45	0.50	2.16	4.15	0.03	0.72	0.53	0.55	剔除后对数正态分布	0.50	1.06
Pb	927	22.73	24.79	28.19	32.35	37.36	42.62	46.50	33.15	7.21	32.38	7.58	54.4	14.61	0.22	32.35	28.70	剔除后对数正态分布	32.38	33.80
pH	965	4.18	4.36	4.64	4.92	5.18	5.42	5.63	4.71	4.66	4.91	2.51	6.00	3.81	0.99	4.92	4.84	对数正态分布	4.71	4.98
Se	995	0.11	0.12	0.14	0.19	0.25	0.32	0.38	0.21	0.09	0.19	2.72	0.73	0.05	0.43	0.19	0.13	剔除后正态分布	0.19	0.14
V	926	27.44	32.93	41.62	52.6	69.5	89.8	102	57.4	22.24	53.3	10.34	123	12.87	0.39	52.6	53.5	对数正态分布	53.3	40.00
Zn	995	47.83	53.2	62.3	74.2	88.8	109	123	78.4	24.86	75.0	12.36	246	20.47	0.32	74.2	86.0	对数正态分布	75.0	101
Corg	995	0.60	0.78	1.06	1.41	1.80	2.30	2.63	1.49	6.71	1.35	3.96	5.28	0.10	0.26	1.41	1.11	对数正态分布	1.35	1.32

45

表 3-14 紫色碎屑岩类风化物土壤母质元素背景值参数统计表

元素/指标	N	$X_{5\%}$	$X_{10\%}$	$X_{25\%}$	$X_{50\%}$	$X_{75\%}$	$X_{90\%}$	$X_{95\%}$	$\overline{X}$	S	$\overline{X}_g$	S_g	X_{max}	X_{min}	CV	X_{me}	X_{mo}	分布类型	紫色碎屑岩类风化物背景值	丽水市背景值
As	1366	1.85	2.20	2.95	4.24	6.17	8.49	11.23	5.20	4.01	4.34	2.75	57.6	0.48	0.77	4.24	3.49	对数正态分布	4.34	1.70
B	1366	6.77	9.30	14.75	22.06	30.48	40.11	47.62	23.77	12.63	20.33	6.34	86.8	1.60	0.53	22.06	21.70	对数正态分布	20.33	14.61
Cd	1366	0.06	0.07	0.10	0.13	0.19	0.25	0.29	0.15	0.10	0.13	3.51	1.78	0.02	0.68	0.13	0.12	对数正态分布	0.13	0.12
Co	1242	2.49	2.80	3.60	5.18	8.00	12.39	15.02	6.44	3.81	5.52	2.99	18.70	1.41	0.59	5.18	2.76	剔除后对数分布	5.52	2.52
Cr	1296	11.78	14.40	19.20	24.91	34.02	43.92	49.12	27.32	11.29	25.01	6.73	61.7	4.45	0.41	24.91	19.20	剔除后对数分布	25.01	18.80
Cu	1292	7.50	8.92	12.20	15.45	19.10	23.42	25.80	15.86	5.37	14.90	5.04	31.14	3.65	0.34	15.45	14.60	剔除后正态分布	14.90	10.60
Ge	1293	1.19	1.26	1.36	1.48	1.61	1.74	1.85	1.49	0.19	1.48	1.29	2.03	0.99	0.13	1.48	1.58	剔除后正态分布	1.48	1.48
Hg	1366	0.03	0.04	0.04	0.06	0.08	0.11	0.14	0.07	0.06	0.06	4.86	1.98	0.02	0.93	0.06	0.11	正态分布	0.06	0.11
K$_2$O	1366	1.34	1.59	2.04	2.54	3.05	3.55	3.82	2.57	0.77	2.43	6.94	5.92	0.30	0.36	2.54	2.24	其他分布	2.57	3.27
Mn	1262	120	141	178	259	418	619	718	320	186	274	25.66	914	47.20	0.58	259	130	其他分布	130	141
Mo	1293	0.44	0.50	0.61	0.75	0.99	1.29	1.42	0.83	0.30	0.77	1.46	1.73	0.29	0.37	0.75	0.61	其他分布	0.61	0.64
N	1366	0.58	0.71	0.96	1.29	1.60	1.88	2.13	1.31	0.48	1.21	1.55	3.37	0.19	0.37	1.29	1.32	正态分布	1.31	1.22
Ni	1283	4.37	4.95	6.20	8.03	11.37	15.34	18.04	9.18	4.08	8.37	3.64	21.30	1.99	0.44	8.03	10.10	对数正态分布	8.37	10.40
P	1366	0.19	0.27	0.44	0.63	0.89	1.33	1.60	0.74	0.47	0.61	1.95	4.03	0.05	0.64	0.63	0.71	其他分布	0.61	1.06
Pb	1290	21.62	23.80	27.80	32.20	37.26	43.01	47.20	32.80	7.53	31.92	7.64	53.9	12.39	0.23	32.20	29.50	剔除后正态分布	31.92	33.80
pH	1312	3.93	4.06	4.34	4.74	5.15	5.50	5.70	4.47	4.37	4.77	2.46	6.48	3.47	0.98	4.74	4.68	剔除后正态分布	4.77	4.98
Se	1366	0.10	0.11	0.13	0.16	0.20	0.25	0.29	0.18	0.08	0.16	2.94	1.55	0.07	0.46	0.16	0.12	正态分布	0.16	0.14
V	1235	28.39	31.98	40.36	50.4	66.6	91.9	107	56.2	23.36	51.9	10.01	134	11.27	0.42	50.4	52.0	其他分布	52.0	40.00
Zn	1366	40.80	45.70	55.0	69.9	86.6	109	124	74.3	26.85	70.1	11.86	249	30.80	0.36	69.9	52.7	对数正态分布	70.1	101
Corg	1335	0.55	0.68	0.95	1.22	1.48	1.75	1.94	1.22	4.08	1.14	3.56	2.32	0.17	0.19	1.22	1.29	剔除后对数分布	1.14	1.32

五、中酸性火成岩类风化物土壤母质元素背景值

中酸性火成岩类风化物土壤母质元素背景值数据经正态分布检验,结果表明(表3-15),原始数据中仅B、P符合对数正态分布,Cd、N剔除异常值后符合对数正态分布,其他大部分元素/指标不符合正态分布或对数正态分布。

中酸性火成岩类风化物区表层土壤总体为酸性,土壤pH背景值为4.98,极大值为5.97,极小值为3.99,与丽水市背景值一致。

表层土壤各元素/指标中,Cu、Ge、Hg、K_2O、N、Pb、Se、Zn、Corg共9项元素/指标变异系数小于0.40,分布相对均匀;As、B、Cd、Co、Cr、Mn、Mo、Ni、P、pH、V共11项元素/指标变异系数大于0.40,其中pH变异系数大于0.80,空间变异性较大。

与丽水市土壤元素背景值相比,中酸性火成岩类风化物区土壤元素背景值中Hg、P背景值明显偏低;Mn、V背景值略低于丽水市背景值;Mo、Se背景值略高于丽水市背景值,与丽水市背景值比值在1.2~1.4之间;而Co背景值明显偏高,与丽水市背景值比值为1.89;其他绝大部分元素/指标背景值则与丽水市背景值基本接近。

六、中基性火成岩类风化物土壤母质元素背景值

中基性火成岩类风化物土壤母质元素背景值数据经正态分布检验,结果表明(表3-16),原始数据中大多数元素/指标符合正态分布或对数正态分布,其中B、Co、Cu、Ge、Hg、K_2O、Mn、Mo、N、P、pH、Corg符合正态分布,As、Cd、Cr、Ni、Pb、V、Zn符合对数正态分布,Se剔除异常值后符合正态分布。

中基性火成岩类风化物区表层土壤总体为酸性,土壤pH背景值为4.66,极大值为6.18,极小值为3.80,与丽水市背景值基本接近。

表层土壤各元素/指标中,除了Ge、Hg、K_2O、N、Se、Zn、Corg外,其他元素/指标变异系数大于等于0.40,分布不均匀,并且Cd、Cr、Ni、Pb、pH元素变异系数大于0.80,空间变异性较大,尤其是Cd,变异系数达2.49,分布极不均匀。

与丽水市土壤元素背景值相比,中基性火成岩类风化物区土壤元素背景值整体较高,其中Hg、Ni、P背景值略低于丽水市背景值;As、Cd、Co、Cu、Mn、Mo、Se、V背景值明显偏高,与丽水市背景值比值均在1.4以上,其中Cd、Co、Cu、Mn背景值均为丽水市背景值的2.0倍以上,Co背景值最高,达丽水市背景值的4.06倍;其他元素/指标背景值则与丽水市背景值基本接近。

七、变质岩类风化物土壤母质元素背景值

变质岩类风化物土壤母质元素背景值数据经正态分布检验,结果表明(表3-17),原始数据中As、Ge、N、Ni、P符合对数正态分布,pH剔除异常值后符合正态分布,B、Cd、Co、Cr、Cu、Mn、Mo、Se、V、Corg剔除异常值后符合对数正态分布,其他元素/指标不符合正态分布或对数正态分布。

变质岩类风化物区表层土壤总体为酸性,土壤pH背景值为4.92,极大值为5.92,极小值为4.18,与丽水市背景值基本接近。

表层土壤各元素/指标中,大多数元素/指标变异系数小于0.40,分布相对均匀;As、B、Cd、Co、Cr、Mn、Ni、P、pH共9项元素/指标变异系数大于0.40,其中As、pH变异系数大于0.80,空间变异性较大。

与丽水市土壤元素背景值相比,变质岩类风化物区土壤元素背景值P背景值明显偏低;B、Hg背景值略低于丽水市背景值;Cd、Pb、Se、V背景值略高于丽水市背景值,与丽水市背景值比值在1.2~1.4之间;As、Co、Cr、Cu、Mn、Ni背景值明显偏高,与丽水市背景值比值均在1.4以上,其中Co、Cr、Ni背景值均为丽水市背景值的2.0倍以上,Co背景值最高,达丽水市背景值的3.33倍;其他元素/指标背景值则与丽水市背景值基本接近。

表 3-15 中酸性火成岩类风化物土壤母质元素背景值参数统计表

元素/指标	N	$X_{5\%}$	$X_{10\%}$	$X_{25\%}$	$X_{50\%}$	$X_{75\%}$	$X_{90\%}$	$X_{95\%}$	$\bar{X}$	S	$\bar{X}_g$	S_g	X_{max}	X_{min}	CV	X_{me}	X_{mo}	分布类型	中酸性火成岩类风化物背景值	丽水市背景值
As	12174	0.93	1.18	1.74	2.68	4.07	5.75	6.82	3.10	1.79	2.61	2.32	8.79	0.13	0.58	2.68	1.70	其他分布	1.70	1.70
B	13168	5.81	7.19	10.01	14.16	19.76	26.74	31.77	15.93	8.61	13.95	5.25	138	1.60	0.54	14.16	16.10	对数正态分布	13.95	14.61
Cd	12451	0.05	0.06	0.09	0.13	0.17	0.22	0.25	0.14	0.06	0.12	3.62	0.31	0.01	0.44	0.13	0.12	剔除后对数分布	0.12	0.12
Co	12253	2.05	2.38	3.07	4.17	5.74	7.76	8.99	4.64	2.09	4.21	2.59	11.15	0.38	0.45	4.17	4.76	其他分布	4.76	2.52
Cr	12366	8.06	10.03	13.85	18.70	25.18	32.80	37.60	20.17	8.75	18.23	5.95	46.00	0.20	0.43	18.70	17.80	偏峰分布	17.80	18.80
Cu	12444	5.06	5.97	7.65	10.02	13.30	17.05	19.28	10.81	4.26	9.99	4.14	23.64	1.45	0.39	10.02	10.60	偏峰分布	10.60	10.60
Ge	12815	0.99	1.05	1.16	1.28	1.43	1.58	1.67	1.30	0.20	1.28	1.24	1.87	0.73	0.16	1.28	1.23	偏峰分布	1.23	1.48
Hg	12518	0.03	0.04	0.05	0.06	0.08	0.10	0.11	0.06	0.02	0.06	4.84	0.13	0.01	0.37	0.06	0.06	其他分布	0.06	0.11
K_2O	13121	1.07	1.36	2.02	2.75	3.40	3.94	4.25	2.71	9.64	2.51	7.07	5.46	0.18	0.43	2.75	3.27	其他分布	3.27	3.27
Mn	12477	107	126	171	260	407	583	684	309	177	263	25.97	843	31.90	0.57	260	110	其他分布	110	141
Mo	11985	0.41	0.48	0.61	0.82	1.12	1.49	1.72	0.91	0.40	0.83	1.55	2.20	0.13	0.44	0.82	0.82	其他分布	0.82	0.64
N	12858	0.49	0.67	0.97	1.30	1.65	2.01	2.24	1.32	0.51	1.20	1.65	2.74	0.06	0.39	1.30	1.52	剔除后对数分布	1.20	1.22
Ni	12477	3.01	3.69	4.94	6.71	9.34	12.11	13.94	7.37	3.29	6.64	3.46	17.28	0.05	0.45	6.71	10.40	其他分布	10.40	10.40
P	13168	0.13	0.18	0.29	0.46	0.70	1.02	1.30	0.56	0.43	0.44	2.25	10.89	0.01	0.78	0.46	1.00	对数正态分布	0.44	1.06
Pb	11941	25.51	28.00	32.00	36.76	42.68	50.5	56.5	38.04	8.98	37.01	8.28	65.3	13.15	0.24	36.76	35.20	其他正态分布	35.20	33.80
pH	12691	4.36	4.51	4.74	4.98	5.21	5.43	5.59	4.82	4.85	4.97	2.52	5.97	3.99	1.01	4.98	4.98	偏峰分布	4.98	4.98
Se	12469	0.10	0.12	0.14	0.18	0.23	0.29	0.32	0.19	0.07	0.18	2.74	0.39	0.02	0.34	0.18	0.18	其他分布	0.18	0.14
V	12321	17.96	20.99	27.48	36.88	50.2	66.5	76.5	40.48	17.57	36.90	8.49	94.1	4.64	0.43	36.88	27.00	其他分布	27.00	40.00
Zn	12495	44.52	50.5	60.4	72.8	87.6	105	116	75.2	21.10	72.2	12.27	136	17.26	0.28	72.8	101	其他分布	101	101
Corg	12650	0.54	0.74	1.04	1.39	1.76	2.16	2.46	1.42	5.56	1.29	3.92	2.98	0.03	0.23	1.39	1.32	偏峰分布	1.32	1.32

表 3-16 中基性火成岩类风化物土壤母质元素背景值参数统计表

元素/指标	N	$X_{5\%}$	$X_{10\%}$	$X_{25\%}$	$X_{50\%}$	$X_{75\%}$	$X_{90\%}$	$X_{95\%}$	$\bar{X}$	S	$\bar{X}_g$	S_g	X_{max}	X_{min}	CV	X_{me}	X_{mo}	分布类型	中基性火成岩类风化物背景值	丽水市背景值
As	41	1.42	1.50	1.89	2.20	2.87	4.95	6.89	2.81	1.70	2.47	2.07	8.70	1.06	0.60	2.20	2.80	对数正态分布	2.47	1.70
B	41	4.78	5.87	7.63	11.07	16.62	20.92	30.95	13.12	7.56	11.28	4.57	34.74	3.23	0.58	11.07	9.29	正态分布	13.12	14.61
Cd	41	0.14	0.16	0.17	0.21	0.26	0.40	0.46	0.39	0.97	0.24	2.74	6.42	0.10	2.49	0.21	0.23	对数正态分布	0.24	0.12
Co	41	3.69	3.72	4.22	7.56	14.14	21.50	22.41	10.23	7.08	8.10	3.80	26.62	3.00	0.69	7.56	10.52	正态分布	10.23	2.52
Cr	41	7.25	8.43	11.00	15.37	24.26	49.94	78.0	22.86	20.24	17.52	6.05	82.9	5.06	0.89	15.37	21.88	正态分布	17.52	18.80
Cu	41	13.40	14.70	19.32	23.78	34.00	40.01	47.04	27.57	14.96	24.72	6.77	91.5	8.54	0.54	23.78	27.07	正态分布	27.57	10.60
Ge	41	1.00	1.03	1.16	1.23	1.32	1.51	1.54	1.25	0.18	1.24	1.21	1.78	0.96	0.15	1.23	1.12	正态分布	1.25	1.48
Hg	41	0.04	0.04	0.05	0.07	0.08	0.10	0.10	0.07	0.03	0.05	4.62	0.13	0.02	0.37	0.07	0.04	正态分布	0.07	0.11
K_2O	41	1.87	2.14	2.55	3.24	3.57	3.67	3.89	3.10	6.94	3.01	7.59	4.78	1.40	0.27	3.24	3.42	正态分布	3.10	3.27
Mn	41	175	192	224	472	752	914	1013	493	311	407	31.45	1295	132	0.63	472	489	正态分布	493	141
Mo	41	0.67	0.76	0.90	1.15	1.35	1.63	1.90	1.19	0.48	1.12	1.45	2.88	0.36	0.40	1.15	1.20	正态分布	1.19	0.64
N	41	0.69	1.04	1.18	1.40	1.60	1.95	2.09	1.42	0.42	1.36	1.46	2.69	0.52	0.29	1.40	1.41	正态分布	1.42	1.22
Ni	41	3.42	3.81	4.60	7.17	12.11	18.90	38.14	10.55	10.37	7.91	4.04	50.5	2.72	0.98	7.17	10.14	对数正态分布	7.91	10.40
P	41	0.33	0.37	0.40	0.61	1.01	1.34	1.94	0.78	0.51	0.66	1.84	2.34	0.32	0.65	0.61	0.79	正态分布	0.78	1.06
Pb	41	24.64	27.97	30.33	32.85	46.73	62.9	66.9	55.5	105	39.85	9.16	708	19.57	1.90	32.85	57.5	对数正态分布	39.85	33.80
pH	41	4.34	4.44	4.64	4.79	4.96	5.13	5.34	4.66	4.59	4.81	2.46	6.18	3.80	0.98	4.79	4.78	正态分布	4.66	4.98
Se	34	0.16	0.16	0.18	0.19	0.21	0.23	0.24	0.20	0.03	0.19	2.58	0.27	0.15	0.14	0.19	0.20	剔除后正态分布	0.20	0.14
V	41	29.16	31.06	35.97	72.1	127	178	200	85.4	59.5	67.0	11.51	212	20.04	0.70	72.1	34.81	对数正态分布	67.0	40.00
Zn	41	81.4	87.8	98.8	114	134	167	202	123	41.89	118	15.95	298	78.1	0.34	114	124	对数正态分布	118	101
Corg	41	0.90	1.02	1.19	1.52	1.67	2.04	2.20	1.49	4.44	1.42	3.92	2.71	0.46	0.17	1.52	1.55	正态分布	1.49	1.32

表 3-17 变质岩类风化物土壤母质元素背景值参数统计表

元素/指标	N	$X_{5\%}$	$X_{10\%}$	$X_{25\%}$	$X_{50\%}$	$X_{75\%}$	$X_{90\%}$	$X_{95\%}$	$\bar{X}$	S	$\bar{X}_g$	S_g	X_{max}	X_{min}	CV	X_{me}	X_{mo}	分布类型	变质岩类风化物背景值	丽水市背景值
As	1644	1.12	1.34	1.88	2.73	4.05	6.12	8.48	3.47	3.03	2.81	2.39	53.9	0.37	0.87	2.73	1.85	对数正态分布	2.81	1.70
B	1540	5.60	6.21	8.09	10.62	14.71	19.31	21.70	11.75	4.94	10.77	4.36	27.01	1.85	0.42	10.62	5.60	剔除后对数分布	10.77	14.61
Cd	1535	0.06	0.08	0.12	0.17	0.23	0.32	0.37	0.18	0.09	0.16	3.17	0.46	0.01	0.49	0.17	0.11	剔除后对数分布	0.16	0.12
Co	1557	3.97	4.78	6.28	8.67	11.45	14.41	16.60	9.17	3.76	8.40	3.67	20.56	1.23	0.41	8.67	10.40	剔除后对数分布	8.40	2.52
Cr	1580	21.10	27.09	39.28	56.4	75.4	93.3	104	58.4	25.41	52.3	10.57	134	5.00	0.43	56.4	27.10	剔除后对数分布	52.3	18.80
Cu	1547	10.30	12.37	16.20	20.87	26.09	32.60	36.36	21.68	7.76	20.26	6.08	43.91	3.92	0.36	20.87	17.40	剔除后对数分布	20.26	10.60
Ge	1644	0.96	1.02	1.12	1.23	1.38	1.53	1.66	1.27	0.23	1.25	1.24	3.38	0.49	0.18	1.23	1.28	对数正态分布	1.25	1.48
Hg	1566	0.04	0.04	0.05	0.06	0.08	0.10	0.11	0.06	0.02	0.06	4.83	0.13	0.01	0.35	0.06	0.07	其他分布	0.07	0.11
K₂O	1630	1.14	1.45	2.06	2.81	3.34	3.71	3.99	2.70	8.80	2.52	7.11	5.18	0.24	0.40	2.81	3.49	其他分布	3.49	3.27
Mn	1544	110	129	170	231	304	389	447	246	101	225	23.57	552	30.10	0.41	231	231	剔除后对数分布	225	141
Mo	1514	0.36	0.41	0.52	0.66	0.86	1.10	1.25	0.71	0.27	0.66	1.53	1.54	0.19	0.37	0.66	0.68	剔除后对数分布	0.66	0.64
N	1644	0.62	0.84	1.09	1.37	1.70	2.05	2.30	1.41	0.50	1.31	1.60	3.64	0.07	0.35	1.37	1.23	对数正态分布	1.31	1.22
Ni	1644	7.68	9.77	14.96	22.70	31.73	42.08	51.4	25.64	17.11	21.62	6.65	271	2.42	0.67	22.70	19.80	对数正态分布	21.62	10.40
P	1644	0.23	0.28	0.36	0.49	0.66	0.92	1.16	0.56	0.31	0.50	1.84	3.65	0.06	0.56	0.49	1.01	对数正态分布	0.50	1.06
Pb	1504	27.70	30.40	36.53	44.50	58.0	77.5	89.8	49.62	18.72	46.49	9.63	109	12.00	0.38	44.50	47.00	其他分布	47.00	33.80
pH	1581	4.48	4.63	4.84	5.04	5.25	5.46	5.57	4.92	5.01	5.04	2.55	5.92	4.18	1.02	5.04	5.03	剔除后正态分布	4.92	4.98
Se	1545	0.12	0.13	0.15	0.18	0.21	0.26	0.29	0.19	0.05	0.18	2.73	0.33	0.07	0.27	0.18	0.18	剔除后正态分布	0.18	0.14
V	1543	31.11	36.17	45.20	57.1	69.5	85.6	97.2	59.0	19.45	55.9	10.56	116	12.67	0.33	57.1	48.00	剔除后对数分布	55.9	40.00
Zn	1527	55.9	61.0	74.8	92.6	116	140	158	97.1	30.75	92.4	14.06	190	33.60	0.32	92.6	108	偏峰分布	108	101
Corg	1600	0.73	0.91	1.18	1.50	1.85	2.23	2.51	1.53	5.19	1.43	4.02	2.92	0.15	0.20	1.50	1.16	剔除后对数分布	1.43	1.32

第三节　主要土壤类型元素背景值

一、黄壤土壤元素背景值

黄壤区土壤元素背景值数据经正态分布检验,结果表明(表 3-18),原始数据中 B、P 符合对数正态分布,N、pH 剔除异常值后符合正态分布,As、Cd、Co、Cr、Cu、Ge、Hg、Mo、Ni、Pb、Se、V 剔除异常值后符合对数正态分布,其他元素/指标不符合正态分布或对数正态分布。

黄壤土壤区表层土壤总体为酸性,土壤 pH 背景值为 4.85,极大值为 5.88,极小值为 4.09,接近于丽水市背景值。

在黄壤土壤区表层各元素/指标中,除了 Cu、Ge、Hg、K_2O、Pb、Se、Zn 外,其余元素/指标变异系数大于 0.40,分布不均匀,并且 P、pH 变异系数大于 0.80,空间变异性较大。

与丽水市土壤元素背景值相比,黄壤区土壤元素背景值中 P 背景值明显低于丽水市背景值,为丽水市背景值的 45%;Hg、Ni、Zn 背景值略低于丽水市背景值,为丽水市背景值的 60%~80%;Mo、N 背景值略高于丽水市背景值,与丽水市背景值比值在 1.2~1.4 之间;As、Co、Se 背景值明显偏高,与丽水市背景值比值在 1.4 以上;其他元素/指标背景值则与丽水市背景值基本接近。

二、红壤土壤元素背景值

红壤区土壤元素背景值数据经正态分布检验,结果表明(表 3-19),原始数据中仅 P 符合对数正态分布,Cd、N、Corg 剔除异常值后符合对数正态分布,其他大部分元素/指标不符合正态分布或对数正态分布。

红壤土壤区表层土壤总体为弱酸性,土壤 pH 背景值为 5.14,极大值为 5.96,极小值为 4.01,接近于丽水市背景值。

在红壤土壤区表层各元素/指标中,除了 Ge、Hg、K_2O、N、Pb、Se、Zn、Corg 外,其余元素/指标变异系数在 0.40 以上,分布不均匀,并且 pH 变异系数在 0.80 以上,空间变异性较大。

与丽水市土壤元素背景值相比,红壤区土壤元素背景值中 B、Hg、P 背景值明显低于丽水市背景值,在丽水市背景值的 60% 以下,B 背景值最低,为丽水市背景值的 38%;V 背景值略低于丽水市背景值,为丽水市背景值的 70%;Se 背景值略高于丽水市背景值,与丽水市背景值比值为 1.29;Co 背景值明显偏高,与丽水市背景值比值为 5.44;其他元素/指标背景值则与丽水市背景值基本接近。

三、粗骨土土壤元素背景值

粗骨土区土壤元素背景值数据经正态分布检验,结果表明(表 3-20),原始数据中 K_2O 符合正态分布,As、B、P 符合对数正态分布,pH 剔除异常值后符合正态分布,Cd、Co、Cr、Cu、Ge、Hg、Mo、N、Ni、Se、V、Corg 共 12 项元素/指标剔除异常值后符合对数正态分布,其他元素/指标不符合正态分布或对数正态分布。

粗骨土区表层土壤总体为酸性,土壤 pH 背景值为 4.76,极大值为 6.00,极小值为 3.89,与丽水市背景值基本接近。

表层土壤各元素/指标中,除了 Ge、Hg、K_2O、Pb、Se、Zn 外,其余元素/指标变异系数大于等于 0.40,分布不均匀,并且 As、pH 变异系数大于 0.80,空间变异性较大。

与丽水市土壤元素背景值相比,粗骨土区土壤元素背景值中 Hg、Ni、P 背景值明显低于丽水市背景

表 3-18 黄壤元素背景值参数统计表

元素/指标	N	$X_{5\%}$	$X_{10\%}$	$X_{25\%}$	$X_{50\%}$	$X_{75\%}$	$X_{90\%}$	$X_{95\%}$	$\overline{X}$	S	$\overline{X}_g$	S_g	X_{max}	X_{min}	CV	X_{me}	X_{mo}	分布类型	黄壤背景值	丽水市背景值
As	2755	0.93	1.23	1.75	2.63	3.96	5.73	6.86	3.06	1.77	2.58	2.34	8.53	0.13	0.58	2.63	2.88	剔除后对数分布	2.58	1.70
B	2984	6.46	8.10	11.05	15.68	21.99	29.33	34.11	17.53	9.34	15.44	5.55	121	1.75	0.53	15.68	22.20	对数正态分布	15.44	14.61
Cd	2800	0.05	0.06	0.09	0.12	0.17	0.22	0.25	0.13	0.06	0.12	3.67	0.30	0.01	0.44	0.12	0.13	剔除后对数分布	0.12	0.12
Co	2812	2.15	2.57	3.35	4.40	5.94	7.93	9.12	4.84	2.07	4.43	2.66	11.07	0.88	0.43	4.40	4.89	剔除后对数分布	4.43	2.52
Cr	2866	7.46	10.06	14.38	20.34	27.32	35.45	40.94	21.64	9.82	19.20	6.34	49.49	0.24	0.45	20.34	18.80	剔除后对数分布	19.20	18.80
Cu	2813	5.07	5.95	7.66	9.78	12.72	16.14	18.29	10.48	3.93	9.77	4.09	22.34	2.87	0.37	9.78	10.20	剔除后对数分布	9.77	10.60
Ge	2908	0.97	1.02	1.13	1.26	1.42	1.57	1.67	1.28	0.21	1.26	1.24	1.87	0.69	0.16	1.26	1.25	剔除后对数分布	1.26	1.48
Hg	2837	0.04	0.05	0.06	0.07	0.09	0.11	0.12	0.08	0.02	0.07	4.40	0.15	0.01	0.32	0.07	0.11	剔除后对数分布	0.07	0.11
K_2O	2970	0.98	1.17	1.60	2.27	2.88	3.47	3.80	2.29	8.67	2.10	6.46	4.81	0.18	0.46	2.27	2.63	其他分布	2.63	3.27
Mn	2807	110	128	169	249	391	560	658	299	169	258	25.63	810	49.77	0.56	249	141	其他分布	141	141
Mo	2709	0.44	0.51	0.66	0.86	1.14	1.49	1.70	0.93	0.38	0.86	1.50	2.14	0.13	0.41	0.86	0.82	剔除后对数分布	0.86	0.64
N	2897	0.46	0.69	1.17	1.57	1.97	2.40	2.67	1.57	0.64	1.40	1.83	3.26	0.06	0.41	1.57	1.90	剔除后正态分布	1.57	1.22
Ni	2853	3.81	4.49	6.12	8.32	10.94	13.86	15.55	8.76	3.55	8.03	3.79	19.09	0.90	0.41	8.32	10.20	剔除后对数分布	8.03	10.40
P	2984	0.12	0.18	0.31	0.48	0.81	1.30	1.68	0.65	0.59	0.48	2.36	10.89	0.01	0.92	0.48	1.00	对数正态分布	0.48	1.06
Pb	2693	26.75	28.81	32.77	37.01	41.97	47.87	52.4	37.84	7.60	37.09	8.24	61.0	18.20	0.20	37.01	35.20	剔除后正态分布	37.09	33.80
pH	2847	4.41	4.55	4.77	4.98	5.19	5.39	5.50	4.85	4.92	4.98	2.52	5.88	4.09	1.01	4.98	4.97	剔除后正态分布	4.85	4.98
Se	2806	0.11	0.13	0.16	0.21	0.27	0.34	0.39	0.23	0.08	0.21	2.54	0.47	0.04	0.37	0.21	0.21	剔除后对数分布	0.21	0.14
V	2825	18.82	21.78	27.66	36.94	49.90	65.5	74.1	40.34	16.87	37.03	8.59	91.2	8.71	0.42	36.94	36.10	剔除后对数分布	37.03	40.00
Zn	2821	46.49	54.0	63.3	75.1	89.2	106	118	77.3	20.63	74.6	12.50	137	23.24	0.27	75.1	80.3	其他分布	80.3	101
Corg	2867	0.54	0.83	1.32	1.76	2.24	2.86	3.18	1.81	7.59	1.60	4.54	3.82	0.03	0.24	1.76	1.25	其他分布	1.25	1.32

注: N、P 单位为 g/kg, K_2O、Corg 单位为%, pH 为无量纲, 其他元素/指标单位为 mg/kg; 后表单位相同。

第三章 土壤元素背景值

表 3-19 红壤土壤元素背景值参数统计表

元素/指标	N	$X_{5\%}$	$X_{10\%}$	$X_{25\%}$	$X_{50\%}$	$X_{75\%}$	$X_{90\%}$	$X_{95\%}$	$\overline{X}$	S	$\overline{X}_g$	S_g	X_{max}	X_{min}	CV	X_{me}	X_{mo}	分布类型	红壤背景值	丽水市背景值
As	7392	0.98	1.24	1.81	2.69	3.91	5.46	6.32	3.03	1.63	2.61	2.24	8.17	0.26	0.54	2.69	1.85	其他分布	1.85	1.70
B	7607	5.92	7.03	9.55	13.26	18.31	23.89	27.57	14.46	6.49	13.04	4.90	33.91	1.60	0.45	13.26	5.60	偏峰分布	5.60	14.61
Cd	7513	0.05	0.06	0.09	0.13	0.18	0.24	0.28	0.14	0.07	0.13	3.58	0.35	0.01	0.47	0.13	0.12	剔除后对数分布	0.13	0.12
Co	7541	2.13	2.47	3.27	4.68	7.07	9.94	11.69	5.49	2.92	4.80	2.86	14.50	0.73	0.53	4.68	13.70	其他分布	13.70	2.52
Cr	7329	9.05	11.20	15.45	21.41	31.29	47.20	56.7	25.31	14.05	21.90	6.65	68.9	1.24	0.56	21.41	17.80	其他分布	17.80	18.80
Cu	7544	5.54	6.40	8.23	11.28	15.82	21.28	24.78	12.64	5.82	11.41	4.52	30.50	1.78	0.46	11.28	10.60	其他分布	10.60	10.60
Ge	7845	0.99	1.05	1.16	1.29	1.44	1.60	1.68	1.31	0.21	1.29	1.24	1.90	0.72	0.16	1.29	1.23	偏峰分布	1.23	1.48
Hg	7591	0.03	0.04	0.05	0.06	0.07	0.09	0.10	0.06	0.02	0.06	4.97	0.12	0.01	0.35	0.06	0.05	偏峰分布	0.05	0.11
K_2O	7954	1.07	1.40	2.08	2.75	3.34	3.88	4.19	2.70	9.28	2.51	7.10	5.25	0.22	0.41	2.75	3.27	其他分布	3.27	3.27
Mn	7526	100.0	119	161	235	347	500	586	273	147	237	24.52	719	30.10	0.54	235	154	其他分布	154	141
Mo	7328	0.38	0.44	0.56	0.75	1.04	1.38	1.63	0.84	0.37	0.77	1.57	2.04	0.18	0.44	0.75	0.64	其他分布	0.64	0.64
N	7851	0.53	0.71	0.97	1.27	1.57	1.87	2.07	1.28	0.45	1.18	1.57	2.51	0.08	0.35	1.27	1.16	剔除后对数分布	1.18	1.22
Ni	7209	3.32	3.97	5.27	7.26	10.69	15.99	19.49	8.67	4.80	7.53	3.74	24.30	0.05	0.55	7.26	11.20	其他分布	11.20	10.40
P	8011	0.15	0.20	0.30	0.45	0.65	0.92	1.13	0.52	0.35	0.43	2.15	5.91	0.01	0.66	0.45	0.52	对数正态分布	0.43	1.06
Pb	7259	25.71	28.20	32.30	37.66	45.22	56.8	63.8	39.97	11.25	38.50	8.51	75.1	11.40	0.28	37.66	38.30	其他分布	38.30	33.80
pH	7729	4.35	4.50	4.74	4.99	5.22	5.43	5.58	4.83	4.84	4.98	2.53	5.96	4.01	1.00	4.99	5.14	其他分布	5.14	4.98
Se	7618	0.11	0.12	0.14	0.17	0.22	0.27	0.30	0.18	0.06	0.18	2.78	0.35	0.05	0.31	0.17	0.18	偏峰分布	0.18	0.14
V	7632	18.72	22.24	29.90	41.90	59.2	78.0	90.3	46.37	21.53	41.61	9.16	110	4.64	0.46	41.90	28.20	偏峰分布	28.20	40.00
Zn	7554	45.45	50.8	60.4	73.7	91.5	112	125	77.8	23.83	74.3	12.45	149	20.47	0.31	73.7	103	其他分布	103	101
Corg	7759	0.60	0.78	1.04	1.36	1.68	1.99	2.21	1.37	4.79	1.27	3.79	2.70	0.07	0.20	1.36	1.32	剔除后对数分布	1.27	1.32

表 3-20 粗骨土土壤元素背景值参数统计表

元素/指标	N	$X_{5\%}$	$X_{10\%}$	$X_{25\%}$	$X_{50\%}$	$X_{75\%}$	$X_{90\%}$	$X_{95\%}$	$\bar{X}$	S	$\bar{X}_g$	S_g	X_{max}	X_{min}	CV	X_{me}	X_{mo}	分布类型	粗骨土背景值	丽水市背景值
As	3063	1.05	1.34	2.18	3.56	5.71	8.90	11.80	4.83	5.17	3.57	2.93	85.5	0.36	1.07	3.56	5.86	对数正态分布	3.57	1.70
B	3063	5.76	7.47	11.18	16.00	22.25	29.86	35.36	17.68	9.47	15.33	5.62	77.5	1.60	0.54	16.00	16.04	对数正态分布	15.33	14.61
Cd	2917	0.05	0.07	0.10	0.14	0.18	0.23	0.26	0.14	0.06	0.13	3.50	0.33	0.01	0.43	0.14	0.12	剔除后对数分布	0.13	0.12
Co	2818	2.08	2.44	3.12	4.35	6.17	8.58	10.05	4.94	2.42	4.41	2.67	12.50	0.38	0.49	4.35	3.12	剔除后对数分布	4.41	2.52
Cr	2856	8.00	9.90	13.30	18.06	24.45	32.32	37.80	19.66	8.72	17.77	5.81	45.56	1.07	0.44	18.06	15.30	剔除后对数分布	17.77	18.80
Cu	2900	4.80	5.76	7.81	10.56	14.29	18.53	20.94	11.40	4.88	10.38	4.28	26.00	1.45	0.43	10.56	11.75	剔除后对数分布	10.38	10.60
Ge	2961	1.02	1.08	1.17	1.29	1.43	1.56	1.66	1.30	0.19	1.29	1.23	1.84	0.78	0.15	1.29	1.25	剔除后对数分布	1.29	1.48
Hg	2901	0.03	0.04	0.05	0.06	0.07	0.09	0.11	0.06	0.02	0.06	4.98	0.13	0.01	0.36	0.06	0.05	剔除后对数分布	0.06	0.11
K₂O	3063	1.43	1.73	2.30	2.94	3.55	4.04	4.34	2.93	8.83	2.78	7.45	5.88	0.51	0.36	2.94	3.81	正态分布	2.93	3.27
Mn	2916	119	140	197	304	498	721	844	372	223	312	28.66	1047	41.00	0.60	304	148	其他分布	148	141
Mo	2803	0.40	0.47	0.60	0.78	1.04	1.34	1.54	0.85	0.34	0.79	1.51	1.94	0.22	0.40	0.78	0.76	剔除后对数分布	0.79	0.64
N	2999	0.46	0.59	0.91	1.26	1.62	1.97	2.23	1.28	0.52	1.16	1.68	2.72	0.09	0.41	1.26	1.95	剔除后对数分布	1.16	1.22
Ni	2840	2.43	3.19	4.57	6.36	8.77	11.49	13.55	6.92	3.23	6.15	3.35	16.69	0.19	0.47	6.36	6.00	剔除后对数分布	6.15	10.40
P	3063	0.13	0.18	0.31	0.51	0.77	1.07	1.33	0.59	0.42	0.47	2.26	4.39	0.01	0.71	0.51	1.01	对数正态分布	0.47	1.06
Pb	2803	23.68	26.80	31.22	35.99	41.66	48.87	53.1	36.90	8.74	35.86	8.14	62.8	13.15	0.24	35.99	34.73	其他分布	34.73	33.80
pH	2954	4.28	4.44	4.68	4.94	5.19	5.43	5.60	4.76	4.75	4.76	2.51	6.00	3.89	1.00	4.94	4.87	剔除后正态分布	4.76	4.98
Se	2906	0.10	0.12	0.15	0.19	0.24	0.29	0.32	0.20	0.07	0.19	2.70	0.39	0.06	0.33	0.19	0.15	剔除后对数分布	0.19	0.14
V	2815	17.44	20.38	27.41	37.01	50.7	68.0	78.0	40.67	18.09	36.88	8.47	97.5	6.10	0.44	37.01	40.36	剔除后对数分布	36.88	40.00
Zn	2928	44.48	52.2	62.9	75.2	89.5	105	115	76.7	20.57	73.8	12.37	135	21.36	0.27	75.2	110	偏峰分布	110	101
Corg	2962	0.50	0.66	0.97	1.31	1.69	2.05	2.31	1.34	5.34	1.22	3.79	2.82	0.05	0.23	1.31	1.37	剔除后对数分布	1.22	1.32

值,在丽水市背景值的60%以下;Mo、Se背景值略高于丽水市背景值,与丽水市背景值比值为1.2~1.4;As、Co背景值明显偏高,与丽水市背景值比值均在1.4以上,其中As背景值是丽水市背景值的2.1倍;其他元素/指标背景值则与丽水市背景值基本接近。

四、紫色土土壤元素背景值

紫色土区土壤元素背景值数据经正态分布检验,结果表明(表3-21),原始数据中均符合正态分布或对数正态分布,K_2O符合正态分布,As、B、Cd、Co、Cr、Cu、Hg、N、Ni、P、pH、Se、Zn、Corg符合对数正态分布,Ge、Pb剔除异常值后符合正态分布,Mn、Mo、V剔除异常值后符合对数正态分布。

紫色土区表层土壤总体为酸性,土壤pH背景值为4.98,极大值为8.19,极小值为3.50,与丽水市背景值基本一致。

表层土壤各元素/指标中,除了Ge、K_2O、Mo、Pb、Zn外,其余元素/指标变异系数大于等于0.40,分布不均匀,并且Co、Hg、pH变异系数大于0.80,空间变异性较大。

与丽水市土壤元素背景值相比,紫色土区土壤元素背景值Hg、P背景值明显低于丽水市背景值,在丽水市背景值的60%以下;Zn背景值略低于丽水市背景值,是丽水市背景值的73%;B、V背景值略高于丽水市背景值,与丽水市背景值比值在1.2~1.4之间;As、Co、Cr、Cu、Mn背景值明显偏高,与丽水市背景值比值均在1.4以上,其中As、Co、Mn背景值均在丽水市背景值的2.0倍以上;其他元素/指标背景值则与丽水市背景值基本接近。

五、水稻土土壤元素背景值

水稻土区土壤元素背景值数据经正态分布检验,结果表明(表3-22),原始数据中As、B、N、P符合对数正态分布,Cd、Co、Cr、Cu、Ge、Hg、Ni、Pb、V、Zn剔除异常值后符合对数正态分布,其他元素/指标不符合正态分布或对数正态分布。

水稻土区表层土壤总体为中偏酸性,土壤pH背景值为4.89,极大值为6.17,极小值为3.67,与丽水市背景值基本接近。

表层土壤各元素/指标中,Ge、K_2O、Mo、N、Pb、Se、V、Zn、Corg共9项元素/指标变异系数小于0.40,分布相对均匀;As、B、Cd、Co、Cr、Cu、Hg、Mn、Ni、P、pH共11项元素/指标变异系数大于等于0.40,其中As、pH变异系数大于0.80,空间变异性较大。

与丽水市土壤元素背景值相比,水稻土区土壤元素背景值中P背景值明显低于丽水市背景值,是丽水市背景值的55%;Hg、Ni、Zn背景值略低于丽水市背景值,为丽水市背景值60%~80%;Cu背景值略高于丽水市背景值,与丽水市背景值比值为1.26;As、Co背景值明显偏高,与丽水市背景值比值均在1.4以上;其他元素/指标背景值则与丽水市背景值基本接近。

六、潮土土壤元素背景值

潮土区采集表层土壤样品25件,数据无法进行正态分布检验(表3-23)。

潮土区表层土壤总体为酸性,土壤pH背景值为5.12,极大值为5.69,极小值为3.85,与丽水市背景值基本接近。

潮土区表层各元素/指标中,Cd、Cr、Cu、Ge、Hg、K_2O、Mo、Ni、Pb、Se、Zn共11项元素/指标变异系数小于0.40,分布相对均匀;As、B、Co、Mn、N、P、pH、V、Corg共9项元素/指标变异系数大于0.40,其中pH变异系数大于0.80,空间变异性较大。

与丽水市土壤元素背景值相比,潮土区土壤元素背景值中P、Hg背景值明显低于丽水市背景值,在丽水市背景值的60%以下;B背景值略低于丽水市背景值,为丽水市背景值的60%~80%;Se背景值略高于

表 3-21 紫色土土壤元素背景值参数统计表

元素/指标	N	$X_{5\%}$	$X_{10\%}$	$X_{25\%}$	$X_{50\%}$	$X_{75\%}$	$X_{90\%}$	$X_{95\%}$	$\overline{X}$	S	$\overline{X}_g$	S_g	X_{max}	X_{min}	CV	X_{me}	X_{mo}	分布类型	紫色土背景值	丽水市背景值
As	694	1.63	2.13	3.22	4.70	6.54	9.67	12.25	5.58	4.30	4.60	2.93	57.6	0.67	0.77	4.70	5.69	对数正态分布	4.60	1.70
B	694	4.79	8.35	14.03	21.28	30.18	41.63	52.3	23.51	13.73	19.45	6.45	86.8	1.60	0.58	21.28	17.10	对数正态分布	19.45	14.61
Cd	694	0.06	0.08	0.10	0.14	0.19	0.24	0.27	0.15	0.08	0.14	3.37	0.98	0.03	0.49	0.14	0.12	对数正态分布	0.14	0.12
Co	694	2.72	3.09	4.22	6.29	10.12	16.58	22.35	8.53	6.91	6.78	3.50	58.1	1.60	0.81	6.29	6.38	对数正态分布	6.78	2.52
Cr	694	12.46	15.02	19.26	25.73	36.50	48.69	58.3	29.84	15.19	26.67	7.07	124	4.27	0.51	25.73	25.00	对数正态分布	26.67	18.80
Cu	694	7.59	9.28	12.60	16.23	20.10	25.94	31.16	17.32	7.64	15.88	5.31	65.0	3.44	0.44	16.23	13.90	对数正态分布	15.88	10.60
Ge	660	1.19	1.23	1.33	1.44	1.58	1.69	1.79	1.46	0.18	1.45	1.28	1.96	1.01	0.13	1.44	1.58	剔除后正态分布	1.46	1.48
Hg	694	0.03	0.03	0.04	0.06	0.07	0.10	0.11	0.06	0.08	0.06	5.09	1.98	0.01	1.23	0.06	0.05	对数正态分布	0.06	0.11
K_2O	694	1.57	1.88	2.33	2.80	3.29	3.70	3.89	2.80	7.08	2.69	7.29	5.29	0.30	0.30	2.80	2.61	正态分布	2.80	3.27
Mn	668	143	163	220	327	537	775	885	401	232	342	29.06	1084	96.6	0.58	327	163	剔除后对数正态分布	342	141
Mo	644	0.42	0.47	0.58	0.74	0.97	1.26	1.41	0.80	0.30	0.75	1.48	1.70	0.24	0.37	0.74	0.61	剔除后对数正态分布	0.75	0.64
N	694	0.55	0.67	0.90	1.21	1.53	1.90	2.13	1.26	0.50	1.16	1.55	3.47	0.26	0.40	1.21	1.32	对数正态分布	1.16	1.22
Ni	694	3.80	4.45	5.99	8.19	12.18	18.21	22.45	10.13	6.98	8.61	3.91	86.3	1.71	0.69	8.19	10.10	对数正态分布	8.61	10.40
P	694	0.22	0.28	0.46	0.62	0.83	1.15	1.43	0.70	0.40	0.60	1.88	3.32	0.07	0.57	0.62	0.65	对数正态分布	0.60	1.06
Pb	671	21.89	23.54	27.47	31.41	35.61	39.55	42.11	31.53	6.20	30.90	7.46	48.90	14.91	0.20	31.41	32.00	剔除后正态分布	31.53	33.80
pH	694	4.05	4.20	4.50	4.89	5.27	5.72	6.47	4.59	4.45	4.98	2.51	8.19	3.50	0.97	4.89	4.88	对数正态分布	4.98	4.98
Se	694	0.09	0.10	0.12	0.15	0.20	0.24	0.28	0.17	0.09	0.15	3.04	1.55	0.07	0.53	0.15	0.12	对数正态分布	0.15	0.14
V	643	29.71	32.62	42.68	53.8	72.5	96.3	109	59.4	24.57	54.8	10.27	136	11.22	0.41	53.8	53.8	剔除后对数正态分布	54.8	40.00
Zn	694	46.06	50.5	61.8	73.0	87.8	108	120	76.5	22.40	73.4	12.15	162	32.42	0.29	73.0	52.8	对数正态分布	73.4	101
Corg	694	0.53	0.64	0.89	1.17	1.51	1.86	2.06	1.23	5.27	1.13	3.61	4.82	0.10	0.25	1.17	1.55	对数正态分布	1.13	1.32

第三章 土壤元素背景值

表 3-22 水稻土土壤元素背景值参数统计表

元素/指标	N	$X_{5\%}$	$X_{10\%}$	$X_{25\%}$	$X_{50\%}$	$X_{75\%}$	$X_{90\%}$	$X_{95\%}$	$\bar{X}$	S	$\bar{X}_g$	S_g	X_{max}	X_{min}	CV	X_{me}	X_{mo}	分布类型	水稻土背景值	丽水市背景值
As	3171	1.00	1.32	1.96	3.14	4.83	6.94	8.55	3.90	3.53	3.08	2.61	70.2	0.28	0.92	3.14	1.70	对数正态分布	3.08	1.70
B	3171	5.31	6.79	9.87	14.52	21.20	29.81	37.48	16.90	10.21	14.23	5.43	76.0	1.60	0.60	14.52	14.60	对数正态分布	14.23	14.61
Cd	3034	0.06	0.07	0.10	0.13	0.18	0.23	0.26	0.14	0.05	0.13	3.44	0.32	0.02	0.41	0.13	0.11	剔除后对数分布	0.13	0.12
Co	2870	2.26	2.60	3.19	4.17	5.72	7.86	9.20	4.72	2.11	4.31	2.56	11.56	0.96	0.45	4.17	2.86	剔除后对数分布	4.31	2.52
Cr	2985	9.54	11.82	16.22	21.90	30.04	39.89	46.40	23.97	10.86	21.51	6.45	55.6	0.20	0.45	21.90	19.80	剔除后对数分布	21.51	18.80
Cu	3042	6.09	7.36	10.13	14.00	18.20	23.10	26.08	14.64	5.97	13.38	4.92	32.20	2.04	0.41	14.00	14.40	剔除后对数分布	13.38	10.60
Ge	3071	1.03	1.10	1.20	1.33	1.47	1.60	1.69	1.34	0.20	1.33	1.24	1.91	0.80	0.15	1.33	1.58	剔除后对数分布	1.33	1.48
Hg	3040	0.03	0.04	0.05	0.07	0.09	0.11	0.13	0.07	0.03	0.07	4.61	0.15	0.01	0.40	0.07	0.11	剔除后对数分布	0.07	0.11
K_2O	3163	1.19	1.52	2.19	2.87	3.45	3.94	4.25	2.81	9.05	2.64	7.30	5.28	0.34	0.39	2.87	3.43	偏峰分布	3.43	3.27
Mn	2965	122	141	183	251	366	505	593	289	142	258	24.87	720	45.60	0.49	251	156	其他分布	156	141
Mo	2898	0.46	0.52	0.64	0.80	1.05	1.35	1.57	0.87	0.33	0.82	1.46	1.97	0.24	0.38	0.80	0.68	其他分布	0.68	0.64
N	3171	0.62	0.78	1.04	1.35	1.66	2.07	2.31	1.38	0.51	1.28	1.58	4.31	0.07	0.37	1.35	1.38	对数后对数分布	1.28	1.22
Ni	2914	3.52	4.11	5.36	7.10	9.70	13.14	15.24	7.87	3.5	7.15	3.48	18.72	1.08	0.45	7.10	10.50	剔除后对数分布	7.15	10.40
P	3171	0.19	0.26	0.40	0.60	0.89	1.23	1.52	0.70	0.46	0.58	1.98	4.92	0.04	0.65	0.60	1.06	对数后对数分布	0.58	1.06
Pb	2980	24.40	26.65	31.00	36.39	43.44	52.8	57.5	37.99	9.91	36.74	8.34	66.9	11.50	0.26	36.39	29.60	剔除后对数分布	36.74	33.80
pH	3078	4.06	4.25	4.60	4.92	5.20	5.49	5.68	4.64	4.53	4.90	2.50	6.17	3.67	0.98	4.92	4.89	其他分布	4.89	4.98
Se	3005	0.10	0.11	0.14	0.17	0.20	0.24	0.26	0.17	0.05	0.16	2.88	0.30	0.07	0.27	0.17	0.14	其他分布	0.14	0.14
V	2915	23.18	26.65	32.50	41.50	52.4	66.7	74.4	44.00	15.64	41.34	8.85	93.7	7.57	0.36	41.50	43.00	剔除后对数分布	41.34	40.00
Zn	3031	42.30	47.10	57.4	70.2	85.3	103	115	72.8	21.42	69.7	11.94	134	17.26	0.29	70.2	101	剔除后对数分布	69.7	101
Corg	3052	0.64	0.81	1.06	1.31	1.62	1.97	2.17	1.35	4.46	1.27	3.73	2.56	0.17	0.19	1.31	1.12	偏峰分布	1.12	1.32

表 3-23　潮土土壤元素背景值参数统计表

元素/指标	N	$X_{5\%}$	$X_{10\%}$	$X_{25\%}$	$X_{50\%}$	$X_{75\%}$	$X_{90\%}$	$X_{95\%}$	$\overline{X}$	S	$\overline{X}_g$	S_g	X_{max}	X_{min}	CV	X_{me}	X_{mo}	潮土背景值	丽水市背景值
As	25	1.09	1.15	1.49	3.21	4.82	5.41	5.78	3.15	1.67	2.68	2.17	5.86	0.97	0.53	3.21	3.21	3.21	1.70
B	25	6.42	6.84	8.40	10.99	18.70	22.34	22.80	12.98	6.21	11.69	4.49	26.64	6.20	0.48	10.99	12.34	10.99	14.61
Cd	25	0.10	0.12	0.13	0.17	0.21	0.26	0.27	0.18	0.06	0.17	2.85	0.30	0.08	0.32	0.17	0.20	0.17	0.12
Co	25	3.57	3.89	4.50	7.90	10.80	16.16	17.12	9.05	5.72	7.72	3.70	28.50	3.16	0.63	7.90	9.03	7.90	2.52
Cr	25	15.30	16.65	22.11	26.94	38.30	41.80	43.48	28.77	10.30	26.99	7.07	49.30	13.82	0.36	26.94	41.80	26.94	18.80
Cu	25	9.04	10.86	13.50	16.00	18.40	19.36	19.76	15.73	4.62	15.07	5.06	30.17	6.64	0.29	16.00	19.00	16.00	10.60
Ge	25	1.04	1.07	1.13	1.22	1.47	1.66	1.82	1.34	0.32	1.31	1.29	2.43	0.98	0.24	1.22	1.15	1.22	1.48
Hg	25	0.03	0.03	0.04	0.06	0.08	0.09	0.09	0.06	0.02	0.06	4.87	0.10	0.03	0.34	0.06	0.07	0.06	0.11
K$_2$O	25	2.05	2.08	2.23	2.61	3.57	4.16	4.19	2.94	9.12	2.82	7.17	5.48	2.02	0.37	2.61	2.23	2.17	3.27
Mn	25	178	190	205	285	411	578	645	336	152	306	25.76	657	135	0.45	285	201	285	141
Mo	25	0.57	0.61	0.85	1.01	1.30	1.40	1.58	1.05	0.35	1.00	1.40	1.96	0.51	0.33	1.01	1.04	1.01	0.64
N	25	0.30	0.44	1.04	1.38	1.78	1.92	2.18	1.34	0.61	1.15	1.92	2.67	0.25	0.46	1.38	1.37	1.38	1.22
Ni	25	5.64	6.02	7.17	9.44	12.00	15.02	15.18	9.91	3.42	9.37	3.93	17.90	5.19	0.34	9.44	10.70	9.44	10.40
P	25	0.23	0.25	0.38	0.53	0.90	1.28	1.69	0.69	0.47	0.56	1.98	1.91	0.16	0.68	0.53	0.71	0.53	1.06
Pb	25	23.68	26.44	29.80	33.90	40.40	45.84	47.25	35.71	9.09	34.67	7.86	62.6	20.80	0.25	33.90	35.30	33.90	33.80
pH	25	4.01	4.34	4.81	5.12	5.29	5.47	5.55	4.69	4.46	5.00	2.51	5.69	3.85	0.95	5.12	5.24	5.12	4.98
Se	25	0.10	0.12	0.14	0.18	0.23	0.27	0.27	0.19	0.06	0.18	2.72	0.38	0.10	0.35	0.18	0.19	0.18	0.14
V	25	31.82	36.27	42.40	70.8	113	125	127	82.9	50.4	70.5	12.70	251	28.80	0.61	70.8	111	70.8	40.00
Zn	25	56.3	61.8	74.5	82.7	92.6	110	117	84.1	17.58	82.4	12.64	122	55.3	0.21	82.7	82.7	82.7	101
Corg	25	0.29	0.45	0.93	1.29	1.61	1.76	2.05	1.26	5.54	1.10	3.87	2.41	0.25	0.26	1.29	1.29	2.22	1.32

丽水市背景值,与丽水市背景值比值为1.29;As、Cd、Co、Cr、Cu、Mn、Mo、V背景值明显偏高,与丽水市背景值比值均在1.4以上,其中Mn、Co背景值均为丽水市背景值的2.0倍以上,Co背景值最高,为丽水市背景值的3.13倍;其他元素/指标背景值则与丽水市背景值基本接近。

第四节 主要土地利用类型元素背景值

一、水田土壤元素背景值

水田区土壤元素背景值数据经正态分布检验,结果表明(表3-24),原始数据中仅B符合对数正态分布,Ge剔除异常值后符合对数正态分布,其他大多数元素/指标不符合正态分布或对数正态分布。

水田区表层土壤总体为酸性,土壤pH背景值为4.98,极大值为6.02,极小值为3.96,与丽水市背景值一致。

水田区表层土壤各元素/指标中,Ge、Hg、K_2O、N、Pb、Se、Zn、Corg共8项元素/指标变异系数小于0.40,分布相对均匀;As、B、Cd、Co、Cr、Cu、Mn、Mo、Ni、P、pH、V共12项元素/指标变异系数大于等于0.40,其中pH变异系数大于0.80,空间变异性较大。

与丽水市土壤元素背景值相比,水田区土壤元素背景值中V背景值略低于丽水市背景值,是丽水市背景值的68%;As、N背景值略高于丽水市背景值,与丽水市背景值比值在1.2~1.4之间;Co、Mn背景值明显偏高,与丽水市背景值比值均约为1.43;其他大部分元素/指标背景值则与丽水市背景值基本接近。

二、旱地土壤元素背景值

旱地区土壤元素背景值数据经正态分布检验,结果表明(表3-25),原始数据中B、Cu、N、Se、Corg符合对数正态分布,Cr、Ge、Hg、Mo、V、Zn剔除异常值后符合对数正态分布,其他元素/指标不符合正态分布或对数正态分布。

旱地区表层土壤总体为酸性,土壤pH背景值为4.91,极大值为5.97,极小值为3.86,与丽水市背景值基本接近。

旱地区表层土壤各元素/指标中,除了Ge、K_2O、Pb、Zn外,其余大多数元素/指标变异系数大于0.40,分布不均匀,其中pH变异系数大于0.80,空间变异性较大。

与丽水市土壤元素背景值相比,旱地区土壤元素背景值中Hg背景值明显低于丽水市背景值,为丽水市背景值的55%;N、Zn、Corg背景值略低于丽水市背景值,是丽水市背景值的70%~76%;As、Mo背景值略高于丽水市背景值,与丽水市背景值比值在1.36~1.38;Co、Se背景值明显偏高,与丽水市背景值比值均在1.4以上,其中Co背景值为丽水市背景值的2倍左右;其他元素/指标背景值则与丽水市背景值基本接近。

三、园地土壤元素背景值

园地区土壤元素背景值数据经正态分布检验,结果表明(表3-26),原始数据中K_2O符合正态分布,As、B、Cd、Co、Cr、Cu、Hg、N、Ni、P、Se、V、Corg符合对数正态分布,Ge、Pb、pH剔除异常值后符合正态分布,Mo、Zn剔除异常值后符合对数正态分布,其他元素/指标不符合正态分布或对数正态分布。

园地区表层土壤总体为酸性,土壤pH背景值为4.64,极大值为5.70,极小值为3.85,接近于丽水市背景值。

丽水市土壤元素背景值

表 3-24 水田土壤元素背景值参数统计表

元素/指标	N	$X_{5\%}$	$X_{10\%}$	$X_{25\%}$	$X_{50\%}$	$X_{75\%}$	$X_{90\%}$	$X_{95\%}$	$\overline{X}$	S	$\overline{X}_g$	S_g	X_{max}	X_{min}	CV	X_{me}	X_{mo}	分布类型	水田背景值	丽水市背景值
As	12 496	0.95	1.22	1.75	2.63	3.91	5.35	6.21	2.98	1.61	2.56	2.25	7.89	0.13	0.54	2.63	2.22	偏峰分布	2.22	1.70
B	13 239	6.08	7.46	10.20	14.51	20.43	28.15	33.82	16.58	9.46	14.42	5.32	138	1.60	0.57	14.51	5.60	对数正态分布	14.42	14.61
Cd	12 450	0.07	0.08	0.11	0.14	0.19	0.24	0.27	0.15	0.06	0.14	3.30	0.33	0.01	0.40	0.14	0.12	其他分布	0.12	0.12
Co	12 357	2.15	2.48	3.18	4.32	6.23	8.65	10.09	4.98	2.41	4.46	2.68	12.42	0.87	0.48	4.32	3.61	其他分布	3.61	2.52
Cr	12 141	9.13	11.27	15.31	20.91	28.80	39.40	46.24	23.21	11.00	20.74	6.35	57.5	0.20	0.47	20.91	18.80	其他分布	18.80	18.80
Cu	12 544	6.02	6.94	8.85	11.99	16.18	20.97	24.08	13.01	5.44	11.94	4.58	29.51	1.45	0.42	11.99	10.60	偏峰分布	10.60	10.60
Ge	12 926	0.99	1.05	1.15	1.28	1.42	1.56	1.64	1.29	0.20	1.28	1.23	1.84	0.74	0.15	1.28	1.23	剔除后对数分布	1.28	1.48
Hg	12 555	0.03	0.04	0.05	0.06	0.08	0.10	0.11	0.07	0.02	0.06	4.73	0.14	0.01	0.35	0.06	0.11	偏峰分布	0.11	0.11
K₂O	13173	1.11	1.41	2.06	2.72	3.33	3.83	4.12	2.69	9.05	2.51	7.08	5.24	0.18	0.41	2.72	3.20	其他分布	3.20	3.27
Mn	12 439	109	127	166	234	336	461	537	266	130	237	24.24	660	30.10	0.49	234	201	其他分布	201	141
Mo	12 168	0.40	0.47	0.59	0.77	1.03	1.32	1.53	0.84	0.34	0.77	1.52	1.92	0.19	0.40	0.77	0.60	偏峰分布	0.60	0.64
N	12 851	0.72	0.88	1.13	1.41	1.73	2.07	2.27	1.44	0.46	1.36	1.53	2.71	0.20	0.32	1.41	1.52	其他分布	1.52	1.22
Ni	12 026	3.49	4.15	5.41	7.33	10.17	13.82	16.19	8.20	3.83	7.38	3.59	20.60	0.05	0.47	7.33	10.40	其他分布	10.40	10.40
P	12 600	0.20	0.25	0.35	0.51	0.73	0.97	1.12	0.56	0.28	0.50	1.89	1.40	0.03	0.49	0.51	1.08	偏峰分布	1.08	1.06
Pb	12 049	25.95	28.28	32.35	37.31	44.04	53.5	59.3	39.11	9.84	37.95	8.41	69.7	11.50	0.25	37.31	33.80	其他分布	33.80	33.80
pH	12 744	4.30	4.47	4.73	4.99	5.23	5.45	5.61	4.80	4.78	4.98	2.53	6.02	3.96	1.00	4.99	4.98	其他分布	4.98	4.98
Se	12 738	0.10	0.12	0.14	0.17	0.21	0.26	0.29	0.18	0.05	0.17	2.79	0.34	0.04	0.30	0.17	0.14	其他分布	0.14	0.14
V	12 462	19.31	22.58	29.72	40.10	54.7	71.0	81.5	43.81	18.77	39.99	8.84	101	7.60	0.43	40.10	27.00	偏峰分布	27.00	40.00
Zn	12 519	46.71	52.1	61.6	74.2	89.9	109	120	77.3	21.86	74.3	12.41	142	21.00	0.28	74.2	103	其他分布	103	101
Corg	12678	0.75	0.91	1.16	1.45	1.81	2.19	2.47	1.50	5.04	1.41	3.97	2.91	0.14	0.20	1.45	1.32	其他分布	1.32	1.32

注：N、P单位为 g/kg，K₂O、Corg 单位为%，pH 为无量纲，其他元素/指标单位为 mg/kg；后表单位相同。

第三章 土壤元素背景值

表3-25 旱地土壤元素背景值参数统计表

元素/指标	N	$X_{5\%}$	$X_{10\%}$	$X_{25\%}$	$X_{50\%}$	$X_{75\%}$	$X_{90\%}$	$X_{95\%}$	$\bar{X}$	S	$\bar{X}_g$	S_g	X_{max}	X_{min}	CV	X_{me}	X_{mo}	分布类型	旱地背景值	丽水市背景值
As	2823	1.18	1.58	2.47	3.84	6.03	8.59	10.12	4.52	2.71	3.73	2.81	12.81	0.29	0.60	3.84	2.31	其他分布	2.31	1.70
B	3024	4.99	6.73	10.19	15.29	23.28	33.20	39.88	18.19	11.64	15.04	5.72	121	1.60	0.64	15.29	5.60	对数正态分布	15.04	14.61
Cd	2897	0.03	0.04	0.07	0.11	0.15	0.21	0.24	0.12	0.06	0.10	4.30	0.30	0.01	0.54	0.11	0.12	其他分布	0.12	0.12
Co	2779	2.19	2.62	3.53	4.93	7.39	10.82	12.91	5.87	3.21	5.10	2.95	16.02	0.38	0.55	4.93	4.94	其他分布	4.94	2.52
Cr	2830	7.97	10.35	14.63	20.47	29.44	40.79	47.28	23.09	11.66	20.19	6.41	58.3	0.24	0.50	20.47	21.40	剔除后对数分布	20.19	18.80
Cu	3024	4.69	5.62	7.61	10.89	16.13	23.05	30.17	13.45	10.27	11.24	4.64	200	1.78	0.76	10.89	15.60	剔除后对数正态分布	11.24	10.60
Ge	2934	1.05	1.12	1.23	1.38	1.52	1.68	1.79	1.39	0.22	1.37	1.27	1.99	0.79	0.16	1.38	1.52	剔除后对数正态分布	1.37	1.48
Hg	2889	0.03	0.03	0.04	0.06	0.08	0.10	0.11	0.06	0.02	0.06	5.00	0.14	0.01	0.40	0.06	0.05	剔除后对数正态分布	0.06	0.11
K_2O	3016	1.11	1.37	1.93	2.64	3.35	3.92	4.22	2.64	9.59	2.43	6.94	5.47	0.22	0.43	2.64	2.73	其他分布	2.73	3.27
Mn	2914	113	141	211	370	614	858	997	439	279	353	30.98	1285	31.90	0.64	370	156	其他分布	156	141
Mo	2757	0.43	0.49	0.64	0.87	1.21	1.62	1.93	0.97	0.45	0.88	1.59	2.44	0.13	0.47	0.87	0.70	剔除后对数正态分布	0.88	0.64
N	3024	0.29	0.41	0.66	0.99	1.34	1.76	2.09	1.05	0.56	0.90	1.81	4.40	0.08	0.53	0.99	1.00	对数正态分布	0.90	1.22
Ni	2811	2.80	3.65	5.08	7.11	10.52	14.71	17.42	8.21	4.31	7.15	3.70	21.33	0.09	0.53	7.11	10.40	其他分布	10.40	10.40
P	2876	0.08	0.12	0.21	0.40	0.65	0.92	1.07	0.46	0.31	0.35	2.66	1.42	0.01	0.67	0.40	1.06	偏峰分布	1.06	1.06
Pb	2775	21.36	25.20	30.15	35.50	41.51	48.43	53.8	36.20	9.44	34.92	8.08	64.2	10.68	0.26	35.50	37.00	其他分布	37.00	33.80
pH	2887	4.20	4.36	4.65	4.90	5.15	5.40	5.59	4.71	4.67	4.90	2.50	5.97	3.86	0.99	4.90	4.91	其他分布	4.91	4.98
Se	3024	0.11	0.12	0.15	0.20	0.29	0.42	0.53	0.24	0.14	0.21	2.61	1.55	0.06	0.57	0.20	0.13	对数正态分布	0.21	0.14
V	2804	19.20	23.44	30.46	42.48	58.6	79.5	93.8	47.11	21.99	42.31	9.24	114	4.64	0.47	42.48	43.00	剔除后对数正态分布	42.31	40.00
Zn	2906	40.60	47.21	59.2	73.2	89.6	108	119	75.4	23.17	71.8	12.20	142	19.73	0.31	73.2	74.7	剔除后对数正态分布	71.8	101
Corg	3024	0.34	0.48	0.73	1.10	1.49	1.99	2.34	1.18	6.55	1.00	3.57	5.97	0.05	0.32	1.10	1.93	对数正态分布	1.00	1.32

表 3-26　园地土壤元素背景值参数统计表

元素/指标	N	$X_{5\%}$	$X_{10\%}$	$X_{25\%}$	$X_{50\%}$	$X_{75\%}$	$X_{90\%}$	$X_{95\%}$	$\overline{X}$	S	$\overline{X}_g$	S_g	X_{max}	X_{min}	CV	X_{me}	X_{mo}	分布类型	园地背景值	丽水市背景值
As	748	1.46	1.97	3.01	4.68	7.42	12.52	19.07	6.72	8.93	4.82	3.42	173	0.44	1.33	4.68	12.90	对数正态分布	4.82	1.70
B	748	5.75	6.90	10.45	16.22	23.84	33.65	41.80	18.97	12.64	15.72	5.71	107	1.60	0.67	16.22	18.60	对数正态分布	15.72	14.61
Cd	748	0.04	0.05	0.06	0.09	0.13	0.19	0.25	0.11	0.09	0.09	4.37	1.04	0.01	0.76	0.09	0.12	对数正态分布	0.09	0.12
Co	748	2.04	2.59	3.58	5.40	8.89	14.40	18.55	7.37	6.45	5.74	3.33	71.3	0.96	0.88	5.40	3.96	对数正态分布	5.74	2.52
Cr	748	8.46	10.37	14.34	21.90	33.37	51.1	64.8	27.50	20.63	22.26	6.81	209	1.37	0.75	21.90	22.90	对数正态分布	22.26	18.80
Cu	748	4.49	5.08	6.97	10.65	17.90	24.66	31.37	14.12	14.02	11.25	4.61	263	3.03	0.99	10.65	5.34	对数正态分布	11.25	10.60
Ge	719	1.09	1.15	1.26	1.43	1.61	1.77	1.88	1.44	0.24	1.42	1.30	2.12	0.77	0.17	1.43	1.63	剔除后正态分布	1.44	1.48
Hg	748	0.03	0.03	0.04	0.05	0.06	0.08	0.10	0.05	0.03	0.05	5.38	0.32	0.01	0.46	0.05	0.04	对数正态分布	0.05	0.11
K_2O	748	1.28	1.59	2.18	2.84	3.55	4.04	4.39	2.86	9.78	2.66	7.28	6.80	0.34	0.41	2.84	2.33	正态分布	2.86	3.27
Mn	725	90.8	112	184	327	530	713	832	378	235	305	28.35	1094	41.80	0.62	327	258	偏峰分布	258	141
Mo	672	0.42	0.49	0.62	0.81	1.12	1.56	1.74	0.92	0.42	0.84	1.55	2.36	0.24	0.46	0.81	0.72	剔除后对数分布	0.84	0.64
N	748	0.49	0.60	0.77	0.95	1.18	1.52	1.75	1.01	0.39	0.94	1.46	3.14	0.20	0.38	0.95	1.04	对数正态分布	0.94	1.22
Ni	748	2.50	3.23	4.56	6.99	10.66	17.81	25.29	9.38	8.19	7.31	3.86	87.0	0.76	0.87	6.99	11.30	对数正态分布	7.31	10.40
P	748	0.13	0.15	0.23	0.40	0.63	0.88	1.09	0.48	0.35	0.38	2.41	3.32	0.05	0.74	0.40	0.23	对数正态分布	0.38	1.06
Pb	697	20.89	23.68	27.70	32.75	38.07	43.42	48.11	33.25	8.11	32.25	7.63	56.7	11.41	0.24	32.75	31.00	剔除后正态分布	33.25	33.80
pH	721	4.21	4.33	4.55	4.76	5.01	5.20	5.36	4.64	4.69	4.77	2.46	5.70	3.85	1.01	4.76	4.63	剔除后正态分布	4.64	4.98
Se	748	0.11	0.12	0.16	0.22	0.30	0.40	0.47	0.25	0.12	0.22	2.53	0.89	0.07	0.49	0.22	0.19	对数正态分布	0.22	0.14
V	748	19.14	22.48	30.51	41.95	63.2	95.6	123	53.4	38.23	44.70	9.57	351	8.96	0.72	41.95	52.9	对数正态分布	44.70	40.00
Zn	717	36.20	40.81	51.0	66.5	82.7	106	117	69.3	24.00	65.3	11.46	137	17.26	0.35	66.5	75.5	剔除后对数分布	65.3	101
Corg	748	0.52	0.63	0.84	1.08	1.39	1.71	2.02	1.16	4.97	1.06	3.44	4.51	0.20	0.25	1.08	1.25	对数正态分布	1.06	1.32

园地区表层土壤各元素/指标中,除了 Ge、K$_2$O、N、Pb、Zn 外,其余元素/指标变异系数大于 0.40,分布不均匀,其中 As、Co、Cu、Ni、pH 变异系数大于 0.80,尤其是 As 变异系数达 1.33,空间变异性较大。

与丽水市土壤元素背景值相比,园地区土壤元素背景值中 Hg、P 背景值明显低于丽水市背景值,在丽水市背景值的 60% 以下,其中 P 背景值最低,仅为丽水市背景值的 36%;Cd、N、Ni、Zn 背景值略低于丽水市背景值,是丽水市背景值的 60%~80%;Mo 背景值略高于丽水市背景值,与丽水市背景值比值为 1.31;As、Co、Mn、Se 背景值明显偏高,与丽水市背景值比值均在 1.4 以上,其中 As、Co 背景值为丽水市背景值的 2.0 倍以上;其他元素/指标背景值则与丽水市背景值基本接近。

四、林地土壤元素背景值

林地区土壤元素背景值数据经正态分布检验,结果表明(表 3-27),原始数据中所有元素/指标均符合正态分布或对数正态分布,其中 Co、Cr、Ge、Hg、K$_2$O、N、P、pH、Corg 符合正态分布,As、B、Cd、Cu、Mo、Ni、Pb、Se、V、Zn 符合对数正态分布,Mn 剔除异常值后符合正态分布。

林地区表层土壤总体为酸性,土壤 pH 背景值为 4.84,极大值为 7.23,极小值为 4.25,接近于丽水市背景值。

林地区表层土壤各元素/指标中,除了 Ge 外,其余元素/指标变异系数均不小于 0.40,分布不均匀,其中 As、Cu、Mo、Pb、pH 变异系数大于 0.80,空间变异性较大。

与丽水市土壤元素背景值相比,林地区土壤元素背景值中 Hg、P 背景值明显偏低,在丽水市背景值的 60% 以下,P 背景值最低,仅为丽水市背景值的 30%;Cd、Cu、Ni、Zn 背景值略低于丽水市背景值,是丽水市背景值的 60%~80%;Pb 背景值略高于丽水市背景值,与丽水市背景值比值为 1.23;As、Co、Mn、Mo、Se 背景值明显偏高,与丽水市背景值比值均在 1.4 以上,其中 As、Co、Mn 背景值为丽水市背景值的 2.0 倍以上;其他元素/指标背景值则与丽水市背景值基本接近。

表 3-27 林地土壤元素背景值参数统计表

元素/指标	N	$X_{5\%}$	$X_{10\%}$	$X_{25\%}$	$X_{50\%}$	$X_{75\%}$	$X_{90\%}$	$X_{95\%}$	$\bar{X}$	S	$\bar{X}_g$	S_g	X_{max}	X_{min}	CV	X_{me}	X_{mo}	分布类型	林地背景值	丽水市背景值
As	68	1.14	1.48	2.28	3.60	5.71	9.87	12.48	4.82	4.14	3.66	2.98	24.80	0.54	0.86	3.60	4.82	对数正态分布	3.66	1.70
B	68	5.75	6.46	10.20	13.18	18.75	29.88	35.78	16.21	10.54	13.81	5.21	56.7	4.47	0.65	13.18	16.98	对数正态分布	13.81	14.61
Cd	68	0.03	0.04	0.06	0.10	0.14	0.19	0.24	0.11	0.09	0.09	4.48	0.58	0.02	0.76	0.10	0.10	对数正态分布	0.09	0.12
Co	68	2.14	2.50	3.85	4.95	6.69	9.89	10.78	5.70	2.88	5.05	3.02	15.13	1.25	0.50	4.95	5.76	正态分布	5.70	2.52
Cr	68	6.25	7.88	11.68	17.61	25.32	38.53	51.3	21.02	14.13	17.03	6.20	72.4	1.24	0.67	17.61	20.90	正态分布	21.02	18.80
Cu	68	4.18	4.84	5.94	7.87	9.55	19.91	25.58	10.17	8.27	8.38	4.04	53.5	2.76	0.81	7.87	9.86	对数正态分布	8.38	10.60
Ge	68	1.09	1.12	1.25	1.36	1.50	1.65	1.85	1.40	0.27	1.37	1.29	2.41	0.71	0.19	1.36	1.28	正态分布	1.40	1.48
Hg	68	0.03	0.03	0.04	0.05	0.07	0.09	0.11	0.06	0.02	0.05	5.20	0.12	0.02	0.43	0.05	0.04	正态分布	0.06	0.11
K_2O	68	0.99	1.25	1.70	2.65	3.34	3.93	4.31	2.61	10.40	2.36	6.80	4.54	0.54	0.48	2.65	2.63	正态分布	2.61	3.27
Mn	66	122	152	208	304	516	749	807	377	226	317	29.44	995	98.4	0.60	304	379	剔除后正态分布	377	141
Mo	68	0.39	0.45	0.67	0.87	1.28	2.55	3.40	1.21	0.99	0.97	1.87	5.05	0.32	0.82	0.87	1.18	对数正态分布	0.97	0.64
N	68	0.22	0.39	0.63	0.94	1.27	1.67	1.92	1.01	0.57	0.84	1.95	2.99	0.10	0.57	0.94	1.00	正态分布	1.01	1.22
Ni	68	2.25	3.23	4.35	6.25	9.40	14.34	20.86	7.94	5.66	6.54	3.69	29.50	1.90	0.71	6.25	7.61	对数正态分布	6.54	10.40
P	68	0.05	0.08	0.14	0.26	0.47	0.58	0.63	0.32	0.24	0.23	3.25	1.46	0.01	0.77	0.26	0.32	正态分布	0.32	1.06
Pb	68	25.72	27.46	31.61	37.54	43.26	76.5	116	48.36	40.02	41.41	9.21	287	21.30	0.83	37.54	49.01	对数正态分布	41.41	33.80
pH	68	4.53	4.61	4.70	4.87	5.11	5.32	5.39	4.84	5.02	4.95	2.51	7.23	4.25	1.04	4.87	5.10	正态分布	4.84	4.98
Se	68	0.12	0.13	0.16	0.21	0.31	0.41	0.64	0.27	0.20	0.23	2.56	1.24	0.08	0.73	0.21	0.29	对数正态分布	0.23	0.14
V	68	16.09	19.22	29.75	39.25	52.6	82.0	90.7	44.51	23.87	38.64	9.28	127	5.25	0.54	39.25	22.63	对数正态分布	38.64	40.00
Zn	68	45.96	48.80	58.8	70.3	93.0	116	156	80.2	35.03	74.4	12.79	218	28.35	0.44	70.3	83.3	对数正态分布	74.4	101
Corg	68	0.23	0.41	0.82	1.06	1.61	2.08	2.31	1.25	8.02	1.02	3.75	5.02	0.10	0.37	1.06	0.83	正态分布	1.25	1.32

第四章 特色土地资源和耕地肥力区划

第一节 特色土地资源开发建议

硒(Se)是地壳中的一种稀散元素,1988年中国营养学会将硒列为15种人体必需微量元素之一。医学研究证明,硒对保证人体健康有重要作用,主要表现在提高人体的免疫力和抗衰老能力,参与人体损伤肌体的修复,对铅、镉、汞、砷、铊等重金属的拮抗等方面。我国有72%的地区属于缺硒或低硒地区,2/3的人口存在不同程度的硒摄入不足问题。

锗(Ge)是一种分散性稀有元素,在地壳中含量较低。锗的化合物分无机锗和有机锗两种,无机锗毒性较大,有机锗如羧乙基锗倍半氧化物(简称Ge-132),具有杀菌、消炎、抑制肿瘤、延缓衰老等医疗功能。天然有机锗是许多药用植物成分之一。

锌(Zn)是人体必需元素之一,是人体内的一种微量元素,只能依靠外来食物摄入。锌是人体许多重要酶的组成成分,也是合成胰岛素所必需的元素。锌在蛋白质和核酸的合成、维护红细胞的完整性以及在造血过程中都起着重要作用,是促进生长发育的关键元素,尤其对儿童大脑神经系统的发育至关重要,常被人们誉为生命之花、智力之源。

土壤中含有一定量的天然硒元素(Se)、锗元素(Ge)和大量的锌元素(Zn),且有害重金属元素含量小于农用地土壤污染风险筛选值要求的土地,可称为天然富硒、富锗或富锌土地,尤其是天然富硒和天然富锗土地是一种稀缺的土地资源,是生产天然富硒和富锗农产品的物质基础,是应予以优先进行保护的特色土地资源。

一、天然富硒土地资源评价

1. 土壤硒地球化学特征

丽水市表层土壤中Se含量变化区间为0.02~1.55mg/kg,平均值为0.14mg/kg,变异系数为0.37。高值区主要分布在西部以及北东部,其中龙泉市—庆元县—景宁县交界处、遂昌县西、松阳县南以及缙云县东含量较高,低值区主要分布在中部的莲都区、青田县西、云和县、景宁畲族自治县等地(图4-1)。

2. 富硒土地评价

按照《土地质量地质调查规范》(DB33T 2224—2019)中土壤Se的分级标准(表4-1),对丽水市表层土壤样点分析数据进行统计与评价,结果如图4-2所示。

表 4-1　土壤硒元素(Se)等级划分标准与图示　　　　　　　　　　　　　　单位:mg/kg

指标	缺乏	边缘	适量	高(富)	过剩
标准值	≤0.125	>0.125~0.175	0.175~0.40	0.40~3.0	>3.0
颜色					
R:G:B	234:241:221	214:227:188	194:214:155	122:146:60	79:98:40

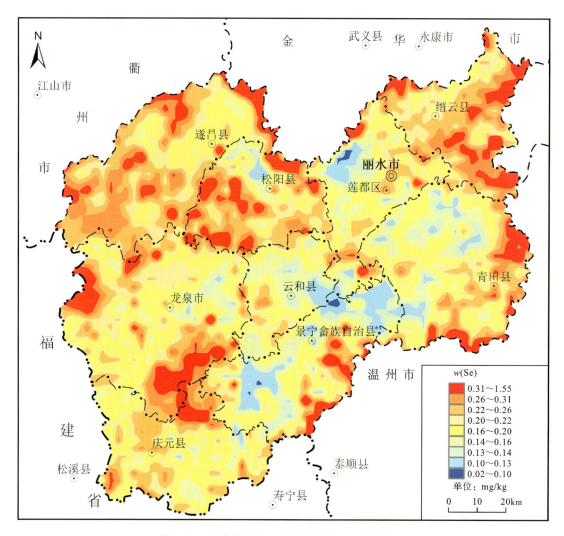

图 4-1　丽水市表层土壤硒元素(Se)地球化学图

全市达高(富)硒标准的表层土壤样品较少,仅有782件,占总样本数的4.34%,分布范围较小且稀疏,相对集中分布在松阳县北东部和南西部,缙云县东部、青田县东部以及龙泉市东部,莲都区、云和县、龙泉市北部以及青田县西部分布较少,其余区域呈零星分布。Se含量处于适量等级的样本数最多,有9232件,占比51.28%,分布范围最广,较集中,主要分布在遂昌县北西部、松阳县北西—莲都区南、龙泉市南西部、庆元县南部、龙泉市—庆元县—景宁县交界处、青田县东部以及缙云县,云和县分布较少,其余地区分布较为分散;而处于边缘等级的样本数次之,有5658件,占比31.43%,分布空间相对集中,较为集中的分布区为松阳松古盆地—莲都区南部地区、龙泉市中部、莲都区北西部、景宁畲族自治县、青田县北西部,其余区域分布较分散;Se缺乏的样本数为2331件,占比12.95%,分布较分散,相对集中分布在松阳县北西部、莲都区西部以及景宁畲族自治县的南西部,其余区域比较分散,遂昌县、缙云县地区分布较少(表4-2,图4-2)。

表 4-2 丽水市表层土壤硒评价结果统计表

评价结果	样本数/件	占比/%	主要分布区域
高(富)	782	4.34	松阳县北东部和南西部,缙云县东部以及青田县东部以及龙泉市东部
适量	9232	51.28	遂昌县北西部、松阳县北西—莲都区南、龙泉市南西部、庆元县南部、龙泉市—庆元县—景宁县交界处、青田县东部以及缙云县
边缘	5658	31.43	松阳县松古盆地—莲都区南部地区、龙泉市中部、莲都区北西部、景宁畲族自治县、青田北西部
缺乏	2331	12.95	松阳县北西部、莲都区西部以及景宁畲族自治县南西部

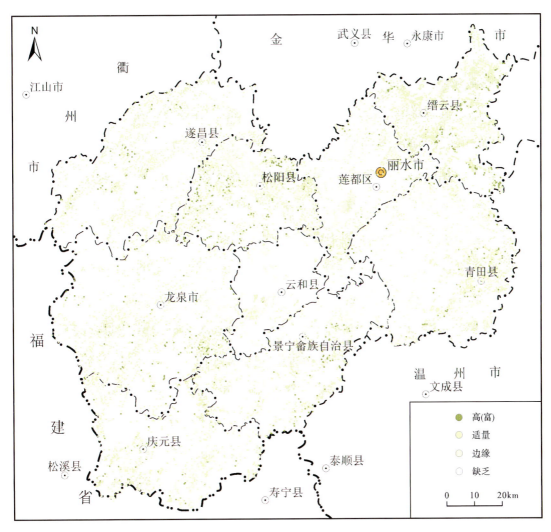

图 4-2 丽水市表层土壤硒元素(Se)评价图

丽水市富硒土地整体偏少,这与大面积分布酸性火山岩有很大的关系,富硒土地中 Se 平均值主要集中在 0.2~0.3mg/kg 之间。

3. 天然富(足)硒土地圈定

为满足对天然富硒土地资源利用与保护的需求,依据富硒土壤调查和耕地环境质量评价成果,结合丽水市自身地质环境背景条件,按以下条件对丽水市天然富硒和足硒土地进行圈定:①土壤中 Se 含量大于等于0.40mg/kg,圈定为富硒区,地块土壤中Se含量介于0.30~0.40mg/kg之间的,圈定为足硒区(实测数据大于20条);②土壤中的重金属元素Cd、Hg、As、Pb及Cr含量小于农用地土壤污染风险筛选值要求;③土地地势较为平坦,集中连片程度较高。

根据上述条件,丽水市共圈定天然富硒土地2处,足硒土地12处,富硒区主要分布在松阳县北和缙云县东,面积均较小,足硒区主要分布在遂昌县西、松阳县南西、龙泉市东、缙云县南以及青田县东,各区面积均不大,分布较分散(图4-3)。

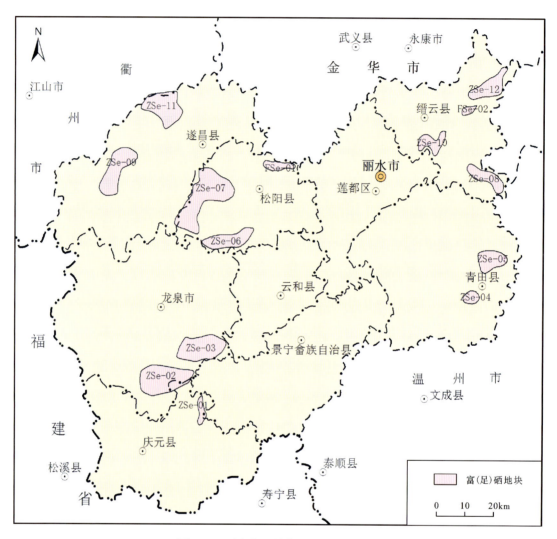

图4-3 丽水市天然富(足)硒区分布图
注:FSe为富硒、ZSe为足硒。

天然富(足)硒区地质分布差异整体较小,大部分以中酸性火山岩为主,FSe-01、FSe-02、ZSe-01、ZSe-02、ZSe-03、ZSe-04、ZSe-05、ZSe-06、ZSe-08、ZSe-09、ZSe-10、ZSe-11主要分布在中酸性火山岩区,ZSe-07以变质岩类为主,ZSe-12以沉积型为主(表4-3)。

4. 天然富(足)硒土地分级

依据土壤硒含量、土壤肥力质量、硒生物效应及土地利用情况将圈定的天然富(足)硒土地划分为富硒Ⅲ级和足硒Ⅱ级,其中以富硒Ⅰ级、Ⅱ级为佳,可作为优先利用的选择,足硒Ⅰ级可作为探求天然富硒土地的潜在资源。

表 4-3 丽水市天然富(足)硒区一览表

编号	区域面积/km²	土壤样本数/件			富(足)硒率/%	土壤Se含量/mg·kg⁻¹		备注
		采样点位	富硒点位	足硒点位		范围	平均值	
ZSe-01	20.38	58	9	22	53.45	0.12~0.54	0.30	足硒
ZSe-02	151.69	56	14	28	75.00	0.12~0.83	0.35	足硒
ZSe-03	122.35	170	32	43	44.12	0.12~1.02	0.32	足硒
ZSe-04	20.02	64	10	20	46.88	0.12~0.80	0.31	足硒
ZSe-05	57.76	98	20	33	54.08	0.17~0.72	0.33	足硒
ZSe-06	77.34	66	18	14	48.48	0.12~0.89	0.34	足硒
ZSe-07	208.69	300	58	65	41.00	0.06~1.21	0.32	足硒
ZSe-08	53.11	135	42	33	55.56	0.14~0.90	0.36	足硒
FSe-01	26.89	48	21	19	43.75	0.18~1.24	0.47	富硒
ZSe-09	109.80	93	21	25	49.46	0.11~1.09	0.33	足硒
ZSe-10	43.83	135	19	47	48.89	0.19~0.72	0.32	足硒
FSe-02	11.29	35	15	9	42.86	0.20~1.16	0.40	富硒
ZSe-11	116.30	94	11	35	48.94	0.15~0.83	0.32	足硒
ZSe-12	67.53	201	36	51	43.28	0.15~0.76	0.31	足硒

注:富硒区的富硒率等于富硒点位数除以采样点位数;足硒区的足硒率等于富硒点位数加上足硒点位数后再除以采样点位数,不再统计富硒率。

富硒Ⅰ级:土壤 Se 含量大于 0.55mg/kg,土壤养分中等及以上,集中连片程度高。

富硒Ⅱ级:土壤 Se 含量大于 0.40mg/kg,土壤养分中等及以上。

富硒Ⅲ级:土壤 Se 含量大于等于 0.40mg/kg(pH≤7.5)或土壤 Se 含量大于等于 0.30mg/kg(pH>7.5),土壤养分以较缺乏—缺乏为主。

足硒Ⅰ级:土壤 Se 含量小于 0.40mg/kg 大于 0.30mg/kg,土壤养分中等及以上。

足硒Ⅱ级:土壤 Se 含量小于 0.40mg/kg 大于 0.30mg/kg,土壤养分以较缺乏—缺乏为主。

根据上述条件,共划出富硒Ⅱ级区1处,富硒Ⅲ级区1处,足硒Ⅰ级区8处,足硒Ⅱ级区4处(表4-4)。

表 4-4 丽水市天然富(足)硒区分级一览表

富(足)硒等级	等级	面积/km²	富(足)硒率/%	平均值/mg·kg⁻¹	土壤养分
富硒	富硒Ⅱ级 FSe-01	26.89	43.75	0.47	中等—较丰富
	富硒Ⅲ级 FSe-02	11.29	42.86	0.40	较缺乏—中等
足硒	足硒Ⅰ级 ZSe-01	20.38	53.45	0.30	中等
	ZSe-02	151.69	75.00	0.35	较丰富
	ZSe-04	20.02	46.88	0.31	中等
	ZSe-07	208.69	41.00	0.32	中等—较丰富
	ZSe-08	53.11	55.56	0.36	较丰富—丰富
	ZSe-10	43.83	48.89	0.32	中等—较丰富
	ZSe-11	116.30	48.94	0.32	中等—较丰富
	ZSe-12	67.53	43.28	0.31	较丰富

续表 4-4

富(足)硒等级	等级	面积/km²	富(足)硒率/%	平均值/mg·kg⁻¹	土壤养分
足硒	足硒Ⅱ级	ZSe-03	122.35	44.12	0.32	较缺乏—中等
		ZSe-05	57.76	54.08	0.33	较缺乏—中等
		ZSe-06	77.34	48.48	0.34	较缺乏—中等
		ZSe-09	109.80	49.46	0.33	较缺乏—中等

二、天然富锗土地资源评价

1. 土壤锗地球化学特征

丽水市表层土壤中 Ge 变化范围为 0.49~6.45mg/kg，Ge 平均值为 1.48mg/kg，变异系数为 0.16。表层土壤高值区主要分布于遂昌县—松阳县—莲都区一带，低值区主要分布在丽水市南部龙泉市、庆元县、景宁畲族自治县等地区，这与火山岩和沉积地层分布有关(图 4-4)。

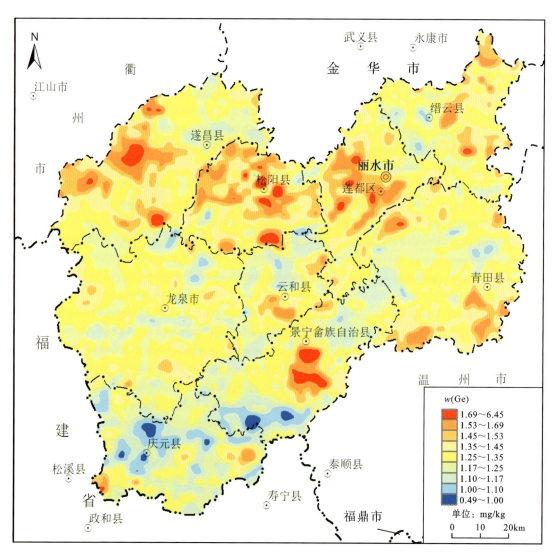

图 4-4 丽水市表层土壤锗元素(Ge)地球化学图

2. 富锗土地评价

依据表4-5所示的评价标准对全市表层土壤进行富锗土地评价和等级划分。

表4-5 土壤锗元素(Ge)等级划分标准与图示　　　　　　　　　　　　　　　　单位:mg/kg

指标	丰富	较丰富	中等	较缺乏	缺乏
标准值	>1.5	1.4~1.5	1.3~1.4	1.2~1.3	≤1.2
颜色					
R;G;B	0;176;80	146;208;80	255;255;0	255;192;0	255;0;0

评价结果表明,丽水市表层土壤中Ge总体分布较为均匀,丰富—较丰富—中等的土壤样本数共计9256件,约占51.42%,主要分布在遂昌县南西、松阳县、莲都区南西、缙云县东、青田县南东以及景宁畲族自治县中部;缺乏—较缺乏的土壤样本数8746件,约占48.58%,主要分布在龙泉市—庆元县—景宁畲族自治县南部一带及遂昌县北、缙云县南西—莲都区北、青田县西—景宁畲族自治县北(图4-5,表4-6)。

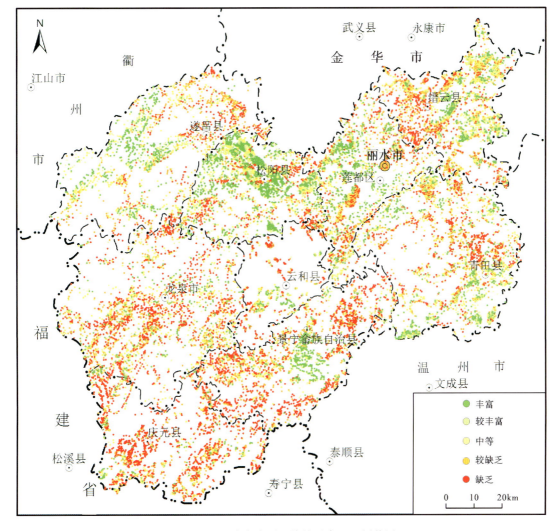

图4-5 丽水市表层土壤锗元素(Ge)评价图

表 4-6 丽水市表层土壤锗评价结果统计表

评价结果	样本数/件	占比/%	主要分布区域
丰富	3722	20.68	遂昌县西、松阳县、莲都区和景宁畲族自治县中部
较丰富	2387	13.26	遂昌县西、松阳县、莲都区和景宁畲族自治县中部、缙云县东部
中等	3147	17.48	遂昌县、松阳县、缙云县、龙泉市南、景宁畲族自治县南西、青田县东
较缺乏	3341	18.56	遂昌县北、龙泉市南、景宁畲族自治县南西、青田县东、莲都区南、缙云县
缺乏	5405	30.02	龙泉市南部、庆元县、景宁畲族自治县南部和北部、缙云县西

3. 天然富锗土地圈定

为满足对天然富锗土地资源利用与保护的需要，依据富锗土壤调查和耕地环境质量评价成果，按以下条件对丽水市具有开发价值的天然富锗土地进行圈定：①土壤中 Ge 含量大于 1.5mg/kg（实测数据大于 20 条）；②土壤中的重金属元素 Cd、Hg、As、Pb 及 Cr 含量小于农用地土壤污染风险筛选值要求；③土地地势较为平缓，集中连片程度高。

依据以上条件，在丽水市耕地共圈定具有开发价值的天然富锗土地 11 处。从区域分布上看，具有开发价值的天然富锗土地主要位于丽水市北部地区遂昌县—松阳县—莲都区一带，其中松古盆地面积最大，除龙泉市、庆元县，其他县均有少量分布（图 4-6）。

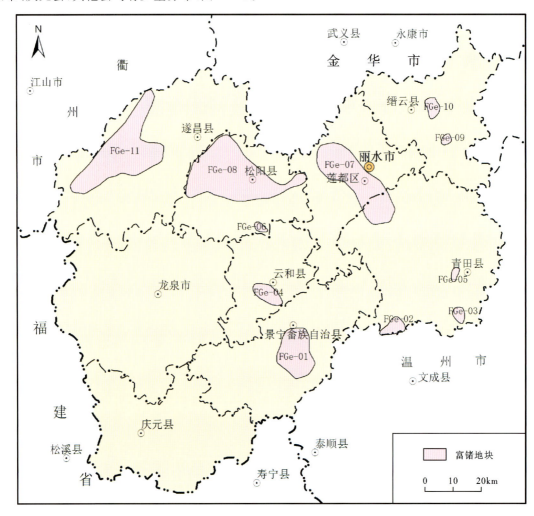

图 4-6 丽水市天然富锗区分布图

依据富锗土壤产出的地质背景,可将圈出的天然富锗土壤划分成碎屑岩类型(FGe-05、FGe-07、FGe-11)、中酸性火山岩型(FGe-01、FGe-03、FGe-04、FGe-06)和沉积岩型(FGe-02、FGe-08、FGe-09、FGe-10)3类(表4-7)。

表4-7 丽水市天然富锗区一览表

区块编号	区域面积/km²	土壤样本数/件		富锗率/%	土壤Ge含量/mg·kg⁻¹	
		采样点位	富锗点位		范围	平均值
FGe-01	184.98	300	204	68.00	0.75~6.45	1.63
FGe-02	38.16	135	71	52.59	1.24~2.00	1.52
FGe-03	20.07	51	30	58.82	1.20~2.23	1.57
FGe-04	54.47	93	50	53.76	1.10~1.80	1.55
FGe-05	11.41	66	34	51.52	1.00~2.70	1.57
FGe-06	11.86	55	46	83.64	1.43~2.51	1.89
FGe-07	369.67	461	265	57.48	0.85~3.96	1.57
FGe-08	543.06	1420	764	53.80	0.54~4.94	1.54
FGe-09	11.37	61	40	65.57	1.21~2.64	1.67
FGe-10	29.53	127	85	66.93	1.03~2.31	1.57
FGe-11	486.01	502	268	53.39	1.12~2.61	1.54

三、天然富锌土地资源评价

1. 土壤锌地球化学特征

丽水市表层土壤中Zn含量变化区间为17.26~699.00mg/kg,平均值为101mg/kg,变异系数为0.29。表层土壤Zn高值区主要分布在丽水市西侧和东侧,包括龙泉市—庆元县南西一带和青田县东,低值区主要分布在丽水市中部,包括松阳县东、龙泉市北东、景宁畲族自治县、莲都区南和青田县东,这与变质岩、火山岩和沉积地层分布有关(图4-7)。

2. 富锌土地评价

依据《富锌土壤评价技术要求》(DB23/T 2410—2019),对全市表层土壤进行锌评价和等级划分(表4-8)。

全市达富锌标准的表层土壤有5594件,占比31.07%,主要分布在龙泉市西、青田县东、缙云县东、遂昌县—松阳县、松阳县—莲都区以及庆元县南;足锌样本数次之,有5445件,占比30.25%,各县分布均比较均匀,相对集中在缙云县、莲都区西、松阳县北、龙泉市南—景宁畲族自治县西以及青田县东等区域;锌适量样本数4025件,占比22.36%,集中分布在松阳县北—莲都区西南、龙泉市东—景宁畲族自治县西以及青田县北东,过锌、低锌、缺锌占比较少,分别为1.69%、9.78%、4.85%,总样本数小于3000件,过锌主要分布在遂昌县—松阳县—龙泉市交界处,龙泉市南西以及庆元县南,低锌、缺锌主要分布在松阳县北 莲都区南、景宁畲族自治县中部等(表4-9,图4-8)。

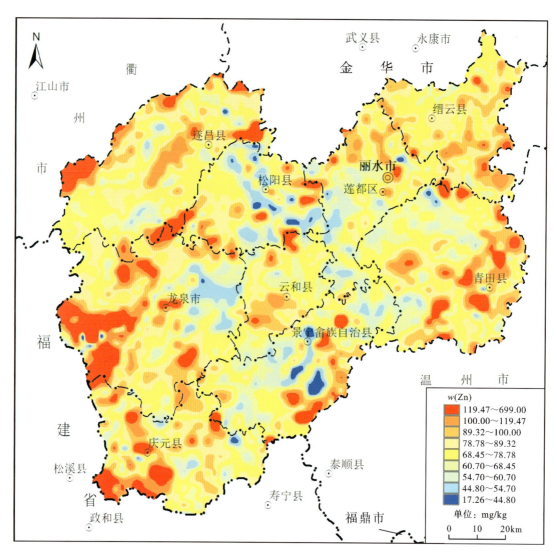

图 4-7　丽水市表层土壤锌元素(Zn)地球化学分布图

表 4-8　土壤锌元素(Zn)等级划分表

等级	过锌	富锌	足锌	锌适量	低锌	缺锌
pH>7.5	>300	74~300	60~74	43~60	25~43	≤25
6.5<pH≤7.5	>250	80~250	67~80	60~67	42~60	≤42
pH≤6.5	>200	86~200	68~86	55~68	45~55	≤45

3. 天然富锌土地圈定

为满足对天然富锌土地资源利用与保护的需要,依据富锌土壤调查和耕地环境质量评价成果,按以下条件对丽水市具有开发价值的天然富锌土地进行圈定:①土壤中 Zn 含量满足土壤元素等级划分中富锌的要求(实测数据大于 20 条);②土壤中的重金属元素 Cd、Hg、As、Pb 及 Cr 含量小于农用地土壤污染风险筛选值要求;③土地地势较为平缓,相对较为集中连片。

表4-9 丽水市表层土壤锌评价结果统计表

评价结果	样本数/件	占比/%	主要分布区域
过锌	304	1.69	遂昌县—松阳县—龙泉市交界处、龙泉市南西以及庆元县南
富锌	5594	31.07	龙泉市南西、青田县东、缙云县东、遂昌县—松阳县、松阳县—莲都区以及庆元县南
足锌	5445	30.25	在缙云县、莲都区西、松阳县北、龙泉市南—景宁畲族自治县西以及青田县东
锌适量	4025	22.36	松阳县北—莲都区西南、龙泉市东—景宁畲族自治县西以及青田县北东
低锌	1761	9.78	松阳县北—莲都区南、景宁畲族自治县中部
缺锌	874	4.85	松阳县北—莲都区南、景宁畲族自治县中部

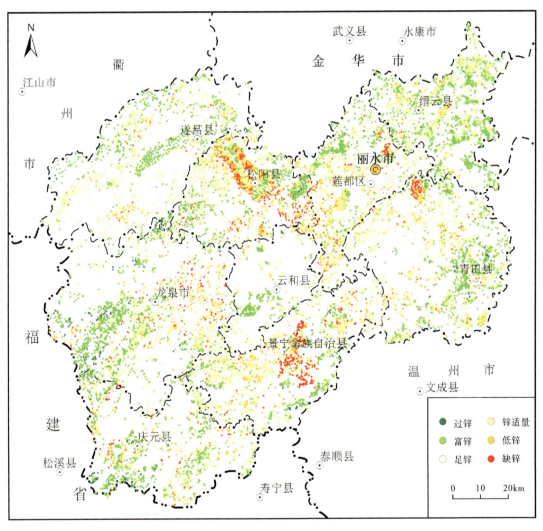

图4-8 丽水市表层土壤锌元素(Zn)评价图

依据以上条件,在本市耕地中共圈定具有开发价值的天然富锌土地14处。从区域分布上看,具有开发价值的天然富锌土地主要位于丽水市北东部以及南西部,其中龙泉市南、青田县东以及缙云县东面积较大,其余各县均有少量分布(图4-9)。

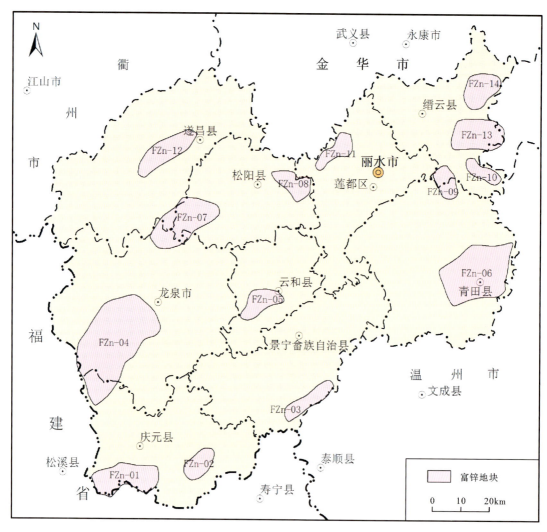

图4-9 丽水市天然富锌区分布图

依据富锌土壤区地质背景,可将圈出的天然富锌土壤划分成中酸性火山岩类型(FZn-01、FZn-02、FZn-03、FZn-05、FZn-06、FZn-07、FZn-08、FZn-09、FZn-10、FZn-11)、变质岩类型(FZn-04、FZn-12)和沉积型(FZn-13、FZn-14)3类(表4-10)。

四、天然富硒(锗、锌)土地资源保护建议

作为一种稀缺的土地资源,天然富硒(锗、锌)土地的发现与圈定,不仅为耕地保护工作增添了新亮点,也为丽水市乡村振兴战略的实施注入了新的形式。基于丽水市独特的自然地理条件和经济社会优势,天然富硒(锗、锌)土地资源的开发利用具有更大的潜在效益。为保护好这一稀缺资源,特提出以下建议。

(1)自然资源部门与农业农村部门共同制定关于加强天然富硒(锗、锌)土地保护的办法、开发利用的管理办法,在制度层面上提高保护力度。

(2)优先选择最佳天然富硒(锗、锌)土地,引导和推进资源开发利用,建立丽水示范,打造丽水模板,总结丽水经验,以推进全市的特色土地利用与保护。

(3)根据浙江省自然资源厅"十四五"规划纲要的要求,规划天然富硒(锗、锌)土地的详查工作。

(4)做好天然富硒(锗、锌)土地的国家级、省级的申报与宣传。

表 4-10　丽水市天然富锌区土壤 Zn 含量一览表

区块编号	区域面积/km²	土壤样本数/件		富锌率/%	土壤 Zn 含量/mg·kg⁻¹	
		采样点位	富锌点位		范围	平均值
FZn-01	198.73	313	217	69.33	33.48~198.46	105.71
FZn-02	80.23	198	92	46.46	51.82~166.09	87.60
FZn-03	93.24	128	85	66.41	37.32~198.30	106.85
FZn-04	651.23	1024	602	58.79	20.47~198.90	99.16
FZn-05	94.42	189	160	84.66	54.56~174.62	105.98
FZn-06	395.68	706	424	60.06	34.04~212.27	97.77
FZn-07	256.91	297	152	51.18	33.60~198.00	91.68
FZn-08	87.51	213	136	63.85	38.50~193.00	102.15
FZn-09	68.75	187	91	48.66	35.65~186.78	92.02
FZn-10	57.20	119	106	89.08	59.15~188.60	109.13
FZn-11	77.69	211	135	63.98	50.74~178.60	96.30
FZn-12	151.77	207	151	72.95	41.60~190.00	101.13
FZn-13	177.79	448	243	54.24	44.47~241.90	92.14
FZn-14	118.00	326	186	57.06	50.99~168.20	91.72

第二节　耕地土壤肥力提升区划建议

一、耕地土壤肥力丰缺现状分布特征

按照《土地质量地质调查规范》(DB33/T 2224—2019)中对土壤 N、P、K、有机质和综合养分等级进行丰富、较丰富、中等、较缺乏和缺乏 5 个等级的划分。

1. 氮元素(N)

氮元素是植物正常生长发育的三大必需营养元素之一，是土壤肥力的重要标志，也是农肥的主要营养元素，是植物有机体的主要成分。植物缺氮时，同化碳的能力下降，叶片失绿黄化易于衰老，根系发育亦受到抑制。

丽水市氮元素丰缺等级以中等为主，整体处于中等—较缺乏水平。中等级样本数最多，达 11 290 件，占全市样本数的 62.71%，各县均有分布，集中在遂昌县西北、龙泉市南、庆元县南、景宁畲族自治县、青田县东、松阳县、莲都区、缙云县；较缺乏级样本数次之，为 3663 件，占全市样本数的 20.35%，主要集中分布在松阳县、莲都区、青田县、缙云县；较丰富级样本数为 1528 件，占全市样本数的 8.49%，集中松阳县北、庆元县南、缙云县等区域；丰富和缺乏级样本数最少，分别为 693 件和 829 件，占比分别为 3.85%、4.60%，缺乏级零星分布在各县；而丰富级主要分布在缙云县和龙泉市—庆元县—景宁畲族自治县交界处(图 4-10，表 4-11)。

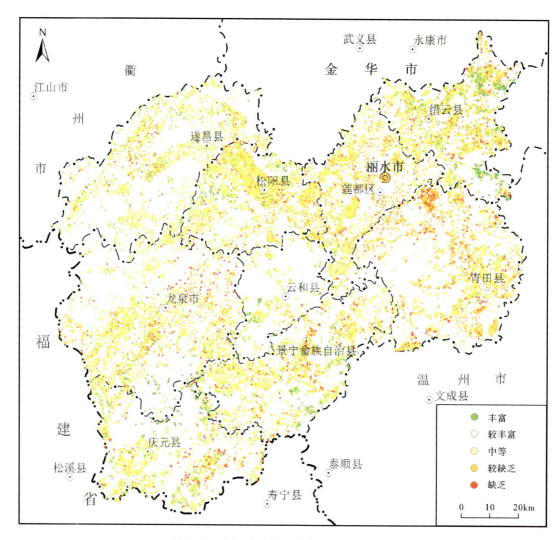

图 4-10　丽水市表层土壤氮元素(N)评价图

表 4-11　丽水市表层土壤氮元素评价结果统计表

评价结果	样本数/件	占比/%	主要分布区域
丰富	693	3.85	缙云县和龙泉市—庆元县—景宁畲族自治县交界处
较丰富	1528	8.49	松阳县北、庆元县南、缙云县
中等	11 290	62.71	遂昌县北西、龙泉市南、庆元县南、景宁畲族自治县、青田县东、松阳县、莲都区、缙云县
较缺乏	3663	20.35	松阳县、莲都区、青田县、缙云县
缺乏	829	4.60	零星分布在各县

2. 磷元素(P)

磷元素是组成生物体的重要元素之一，是核酸、核蛋白、磷脂和酶等的组分，并参与作物体内多种代谢过程。磷肥充足能促进作物体内的物质合成和代谢，作物的产量和品质也得到提高和改善。

丽水市磷元素丰缺等级以缺乏为主，整体处于缺乏—较缺乏水平。缺乏级样本数最多，达6664件，占全市样本数的37.02%，各县均有分布，集中在松阳县、龙泉市中部、庆元县南、景宁畲族自治县、青田县、莲都区、缙云县；较缺乏级样本数次之，为4599件，占全市样本数的25.54%，主要集中分布在松阳、龙泉市南西、松阳县、莲都区、缙云县、青田县东；中等和丰富级样本数较为接近，分别为2860件和2221件，占比分别为15.89%、12.31%,主要分布在松古盆地、莲都区南、缙云县;样本数最少的为较丰富级,为1659件,占比为9.21%,主要分布在松古盆地、缙云县北东(图4-11,表4-12)。

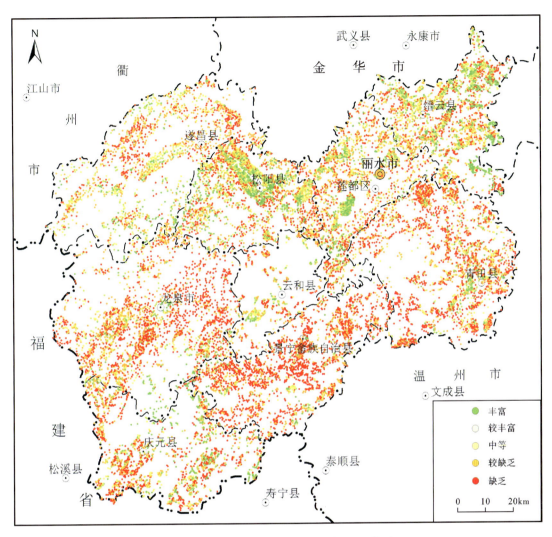

图4-11 丽水市表层土壤磷元素(P)评价图

表4-12 丽水市表层土壤磷元素评价结果统计表

评价结果	样本数/件	占比/%	主要分布区域
丰富	2221	12.34	松古盆地、莲都区南、缙云县
较丰富	1659	9.21	松古盆地、缙云县北东
中等	2860	15.89	松阳县北、缙云县
较缺乏	4599	25.54	松阳县、龙泉市南西、松阳县、莲都区、缙云县、青田县东
缺乏	6664	37.02	松阳县、龙泉县中部、庆元县南、景宁畲族自治县、青田县、莲都区、缙云县

3. 钾元素(K)

钾元素的最重要的功能是以60多种酶的活化剂形式广泛影响作物的生长、代谢和产品的品质,如促进淀粉和糖分的合成、增强作物抗逆性等,与氮、磷一样,均为植物生长不可或缺的元素,还能减轻水稻吸收过量铁、锰和硫化氢等还原物质的危害。

丽水市钾元素丰缺等级以丰富为主,处于丰富—较丰富水平。丰富级的样本数最多,达6853件,占全市样本数的38.07%,各县均有分布,集中在龙泉市中部、景宁畲族自治县中部、遂昌县东北、松阳县北、莲都区、缙云县、青田县北;较丰富级样本数次之,为4561件,占全市样本数的25.33%,主要集中分布在龙泉市南西和东部、松阳县、景宁畲族自治县南西、青田县东、莲都区西、缙云县东;中等和较缺乏级样本数分别为3274件和2181件,占比分别为18.19%、12.11%,主要分布在松阳县、青田县东、龙泉市南东、龙泉市—景宁县交接处、莲都区—景宁县交界处、缙云县东;样本数最少的为缺乏级,为1134件,占比为6.30%,主要分布在庆元县(图4-12,表4-13)。

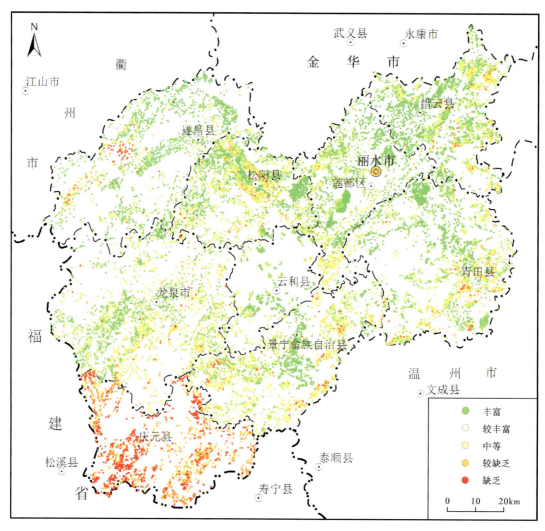

图4-12 丽水市表层土壤钾元素(K)评价图

表4-13 丽水市表层土壤钾元素评价结果统计表

评价结果	样本数/件	占比/%	主要分布区域
丰富	6853	38.07	龙泉市中部、景宁畲族自治县中部、遂昌县东北、松阳县北、莲都区、缙云县、青田县北
较丰富	4561	25.33	龙泉市南西和东部、松阳县、景宁畲族自治县南西、青田县东、莲都区西、缙云县东
中等	3274	18.19	松阳县、青田县东、龙泉市南东、龙泉市—景宁县交界处、莲都区—景宁县交界处、缙云县东
较缺乏	2181	12.11	庆元县、松古盆地
缺乏	1134	6.30	庆元县

4. 有机质

土壤有机质是植物营养的主要来源之一，能促进植物的生长发育，改善土壤的理化性质，促进微生物和土壤生物的活动，促进土壤中营养元素的分解，提高土壤的保肥性和缓冲性。

丽水市有机质丰缺等级以中等为主，整体处于中等—较缺乏水平。中等级样本数最多，达10 591件，占全市样本数的58.83%，各县均有分布，集中在遂昌县西北西、龙泉市南、庆元县南、景宁畲族自治县、青田县东、松阳县北、莲都区、缙云县；较缺乏级样本数次之，为4741件，占全市样本数的26.33%，主要集中分布在松阳县北、莲都区西、龙泉市中部、景宁畲族自治县中部、庆元县南、缙云县；较丰富级和缺乏级样本数较接近，分别为1035件、943件，占比分别为5.75%、5.24%，零星分布在各县；最少的是丰富级，样本数693件，占比3.85%，零星分布在各县，分布较分散（图4-13，表4-14）。

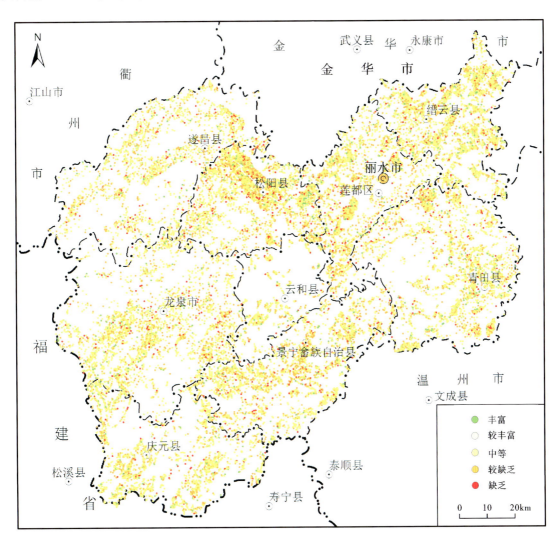

图4-13　丽水市表层土壤有机质评价图

5. 综合养分

丽水市土壤养分综合质量等级以中等—较缺乏为主，占比78.06%，养分整体处于中等偏下水平。丽水市土壤养分综合质量中等以上（包括丰富、较丰富和中等），样本数11 644件，占全市样本数的64.68%；较缺乏—缺乏样本数6359件，占全市样本数的35.32%。

表 4-14 丽水市表层土壤有机质评价结果统计表

评价结果	样本数/件	占比/%	主要分布区域
丰富	693	3.85	零星分布在各县
较丰富	1035	5.75	零星分布在各县
中等	10 591	58.83	遂昌县北西、龙泉市南、庆元县南、景宁畲族自治县、青田县东、松阳县北、莲都区、缙云县
较缺乏	4741	26.33	松阳县北、莲都区西、龙泉市中部、景宁畲族自治县中部、庆元县南、缙云县
缺乏	943	5.24	零星分布在各县

由于受成土母质以及长期耕种活动的影响,丽水市土壤养分丰缺差异性较为明显。耕地养分综合质量丰富—较丰富的区域主要分布在丽水市北部区域,其中遂昌县呈零散分布,松阳县主要分布在盆地地区,莲都区主要分布在碧湖盆地区,缙云县主要分布在壶镇盆地;缺乏—较缺乏样点主要分布在丽水市中部、南部地区,包括青田县、龙泉市、景宁畲族自治县、庆元县等(图4-14,表4-15)。

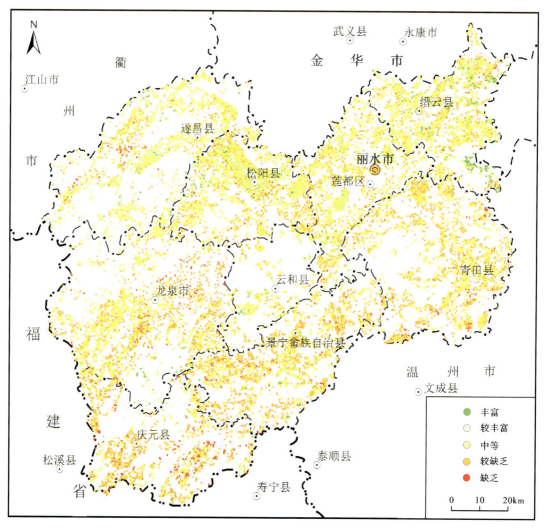

图 4-14 丽水市表层土壤养分评价图

表 4-15 丽水市表层土壤养分综合质量评价结果统计表

评价结果	样本数/件	占比/%	主要分布区域
丰富	343	1.91	丽水市北部区域
较丰富	3178	17.65	
中等	8123	45.12	全市分布,较为均匀
较缺乏	5930	32.94	丽水市中部、南部区域
缺乏	429	2.38	

二、土壤养分提升区划建议

土壤养分补素区,是指经调查评价发现的耕地土壤缺素区。依据作物营养学原理,将可能对农业种植产生长期影响的养分显著缺乏的范围圈出,以便为土壤的养护和合理施肥提供依据。

根据土壤分级评价结果,将丽水市范围内相对集中连片含量水平为较缺乏—缺乏的土壤圈定划出,确定为补素区,共圈出重点缺素区16处(表4-16,图4-15)。土壤中营养元素的丰缺,是衡量土壤肥力高低的重要指标,N、P、K、有机质的缺乏具有普遍性,缺素区的划出可为农业农村部门耕地质量提升提供靶区。

表 4-16 丽水市缺素区概况一览表　　　　　　　　　　　　　　　　单位:km²

编号	面积	N	P	K	有机质	缺素类型
QS-01	192	192		192	192	N-K-有机质
QS-02	380		380	380	380	P-K-有机质
QS-03	458		458		458	P-有机质
QS-04	272		272	272		P-K
QS-05	181	181	181		181	N-P-有机质
QS-06	509	509	509		509	N-P-有机质
QS-07	510		510			P
QS-08	580	580	580			N-P
QS-09	853	853	853		853	N-P-有机质
QS-10	465		465			P
QS-11	441	441	441		441	N-P-有机质
QS-12	369	369			369	N-有机质
QS-13	293	293	293			N-P
QS-14	200	200				N
QS-15	264		264			P
QS-16	141	141			141	N-有机质
合计	6108	3759	5206	844	3524	

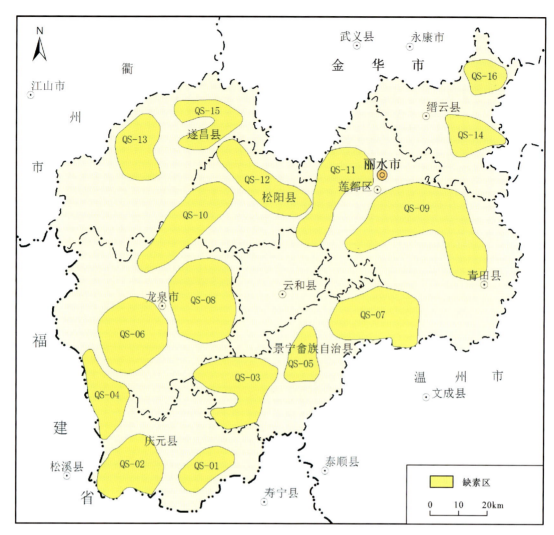

图 4-15 丽水市缺素区分布图

丽水市土壤养分中 P 含量水平偏低,处于缺乏—较缺乏水平;N、有机质含量中等,处于中等—较缺乏水平,K 含量较高,处于丰富—较丰富水平。因此,丽水市 P 缺失严重,需要大面积补充提升,面积达 5206km²;N、有机质相对较缺乏,需要适当进行补充,面积分别为 3759km²、3524km²;钾元素含量丰富,仅个别区域出现缺乏现象,面积在 844km² 左右。

丽水市缺素类型以 N-P-有机质和 P 两种为主,其次是 N-P、N-有机质、P-有机质 3 种类型,N-P-有机质缺素区面积为 1984km²,主要分布在龙泉市和景宁畲族自治县中部,莲都区南西、莲都区南东—青田县一带,主要补充氮磷复合肥以及有机肥;P 缺素区面积为 1239km²,主要分布在景宁畲族自治县北东、龙泉市北西—松阳县南西一带以及遂昌县北东,主要补充磷肥;N-P 缺素区面积为 873km²,主要分布在龙泉市东和遂昌县西,主要补充氮磷复合肥;N-有机质缺素区面积为 510km²,主要分布在松古盆地和缙云县壶镇盆地,主要补充氮肥和有机肥;P-有机质缺素区面积为 458km²,主要分布在景宁畲族自治县南东,主要补充磷肥和有机肥。

第五章 结 语

土壤来自岩石,土壤中元素的组成和含量继承了岩石的地球化学特征。组成地壳的岩石具有原生不均匀性的分布特征,这种不均匀性决定了地壳不同部位化学元素的地域分异。在岩土体中,元素的绝对含量水平对生态环境具有决定性作用。大量的研究表明,现代土壤中元素含量和分布与成土作用、生物作用、土壤理化性状(土壤质地、土壤酸碱性、土壤有机质等)及人类活动关系密切。

20世纪70年代,地质工作者便开展了土壤元素背景值的调查,目的是通过对土壤元素地球化学背景的研究,发现存在于区域内的地球化学异常,进而为地质找矿指出方向。这一找矿方法成效显著,我国的地球化学勘查也因此得到了快速发展,并在这一领域走在了世界的前列。随着分析测试技术的进步和社会经济发展的需要,自20世纪90年代,土壤背景值的调查研究按下了"快进键",尤其是"浙江省土地质量地质调查行动计划"的实施,使背景值的调查精度和研究的深度有了质的提升,丽水市土壤元素背景值研究就建立在这一基础之上。

土壤元素背景值,在自然资源评价、生态环境保护、土壤环境监测、土壤环境标准制定及土壤环境科学研究(如土壤环境容量、土壤环境生态效应等)等方面,都具有重要的科学价值。《丽水市土壤元素背景值》的出版,也是浙江省地质工作者为丽水市生态文明建设所做出的一份贡献。

第一节 主要认识

一、土壤元素背景值特征

丽水市表层土壤总体呈酸性,绝大多数元素/指标背景值与浙江省背景值、中国背景值基本接近。与浙江省背景值相比,丽水市背景值中As、Co、Cr、Mn、Ni、V背景值明显低于浙江省背景值,在浙江省背景值的60%以下,其中As、Co、Cr、Ni背景值均不足浙江省背景值的30%;B、Cu、Se背景值略低于浙江省背景值;K_2O背景值略高于浙江省背景值,为浙江省背景值的1.39倍;P背景值明显偏高,为浙江省背景值的1.77倍;其他元素/指标背景值则与浙江省背景值基本接近。

与中国背景值相比,丽水市背景值中As、B、Co、Cr、Cu、Mn、Ni、V背景值明显偏低,在中国背景值的60%以下,其中As背景值为中国背景值的19%;而pH背景值略低于中国背景值,为中国背景值的62%;K_2O背景值略高于中国背景值,为中国背景值的1.39倍;Hg、N、P、Pb、Zn、Corg背景值明显高于中国背景值,达中国背景值的1.4倍以上,其中Hg、Corg明显相对富集,背景值是中国背景值的2.0倍以上,Hg背景值最高,为中国背景值的4.23倍;其他元素/指标背景值则与中国背景值基本接近。

(1)在不同成土母质类型区中,与丽水市背景值相比,松散岩类沉积物区Ni、Zn背景值偏低,Mo、Pb、As、Co、Cu、Mn背景值偏高;古土壤风化物区K_2O、Ni、Zn背景值偏低,Cr、As、B、Cd、Co、Cu、Mn、Mo、N、Se、Corg背景值偏高;碎屑岩类风化物区Hg、P、K_2O、Zn背景值偏低,Cu、Se、V、As、B、Co、Cr、Mn背景值偏高;紫色碎屑岩类风化物区 Hg、P、K_2O、Zn 背景值偏低,B、Cr、V、As、Co、Cu 背景值偏高;中酸性火成岩类风化物区 Hg、P、Mn、V 背景值偏低,Mo、Se、Co 背景值偏高;中基性火成岩类风化物区 Hg、Ni、P 背景值偏低,As、Cd、Co、Cu、Mn、Mo、Se、V 背景值偏高;变质岩类风化物区 P、B、Hg 背景值偏低,Cd、Pb、Se、V、As、Co、Cr、Cu、Mn、Ni 背景值偏高。

(2)在不同土壤类型区中,与丽水市背景值相比,黄壤区 P、Hg、Ni、Zn 背景值偏低,Mo、N、As、Co、Se 背景值偏高;红壤区 B、Hg、P、V 背景值偏低,Se、Co 背景值偏高;粗骨土区 Hg、Ni、P 背景值偏低,Mo、Se、As、Co 背景值偏高;紫色土区 Hg、P、Zn 背景值偏低,B、V、As、Co、Cr、Cu、Mn 背景值偏高;水稻土区 P、Hg、Ni、Zn 背景值偏低,Cu、As、Co 背景值偏高;潮土区 B、Hg、P 背景值偏低,Se、As、Cd、Co、Cr、Cu、Mn、Mo、V 背景值偏高。

(3)在不同土地利用方式中,与丽水市背景值相比,水田区 V 背景值偏低,As、N、Co、Mn 背景值偏高;旱地区 Hg、N、Zn、Corg 背景值偏低,As、Mo、Co、Se 背景值偏高;园地区 Hg、P、Cd、N、Ni、Zn 背景值偏低,Mo、As、Co、Mn、Se 背景值偏高;林地区 Hg、P、Cd、Cu、Ni、Zn 背景值偏低,Pb、As、Co、Mn、Mo、Se 背景值偏高。

二、特色土地资源开发建议

(1)丽水市表层土壤 Se 含量变化区间较大,平均值为 0.14mg/kg。区内富硒土地总体较少,共圈定天然富硒土地 2 处,足硒土地 12 处,共划出富硒Ⅱ级区 1 处,富硒Ⅲ级区 1 处,足硒Ⅰ级区 8 处,足硒Ⅱ级区 4 处。

(2)丽水市表层土壤 Ge 含量变化区间较大,平均值为 1.48mg/kg。区内富锗土地较为丰富,占比 20%以上,圈定具有开发价值的天然富锗土地 11 处。

(3)丽水市表层土壤 Zn 平均值为 101mg/kg。区内富锌土地较为丰富,占比 30%以上,圈定具有开发价值的天然富锌土地 14 处。

三、耕地土壤肥力提升区划建议

(1)丽水市 N 丰缺等级以中等为主,整体处于中等—较缺乏水平;P 元素以缺乏为主,整体处于缺乏—较缺乏水平;K 以丰富为主,处于丰富—较丰富水平;有机质以中等为主,整体处于中等—较缺乏水平;土壤养分综合质量等级以中等—较缺乏为主,整体处于中等偏下水平。

(2)丽水市范共圈出缺素区 16 处,P 缺失严重,需要大面积补充提升;N 和有机质相对较缺乏,需要适当进行补充;K 整体较丰富。

(3)丽水市缺素类型以 N-P-有机质和 P 两种为主,其次是 N-P、N-有机质、P-有机质 3 种类型。N-P-有机质缺素区主要补充氮磷复合肥及有机肥,P 缺素区主要补充磷肥,N-P 缺素区主要补充氮磷复合肥,N-有机质缺素区主要补充氮肥和有机肥,P-有机质缺素区主要补充磷肥和有机肥。

第二节 建 议

1. 深入开展相关的专项调查研究,合理开发特色土地资源

现有研究资料表明,丽水市存在大面积的富锗富锌土地资源和大量的足硒土地资源,大多分布于低山丘陵区,是藏在"绿水青山"中的"金山银山"。如何合理地开发利用好特色土地资源是一个值得进一步深入研究的课题。

研究发现,部分特色土地资源的土壤环境质量好,目前为耕地、园地等土地利用类型,开发条件比较成熟,建议开展相关专项调查研究,使研究成果转化为实际利用落地,为乡村振兴经济发展服务;同时发现相当一部分的特色土地资源中,土壤环境质量较差,建议针对该部分土壤资源,结合地质背景特点,开展专项调查研究,优先选种富硒富锗又符合食品安全标准的农产品,以利于特色土地资源的开发利用。

2. 开展地质高背景区环境监测网络建设,加强环境生态风险监测工作

地质高背景区是一种客观存在的自然地质作用下形成的土壤元素/指标的高富集区带,存在食物链、饮用水等多种人体健康生态风险暴露途径。结合地质背景、地形地貌、土地利用等因素,划定地质高背景区域与影响范围,明确环境风险影响指标,开展地质高背景区环境监测网络建设,加强环境生态风险监测,从而确保人体健康。

3. 进一步加强数据开发利用,多部门联合开展地方环境质量标准制定研究

丽水市土壤元素背景值研究通过相关的土壤地球化学调查,获得了海量全域性、系统高精度的调查数据,包含了丰富的地质地球化学信息,可广泛应用于生态环境、农业农村、自然资源、卫生健康等领域。受笔者的认知程度与水平限制,当前的数据分析研究仅为最基础的初步认识,在地质学、环境学、生态学等科学理论的指导下,后期数据的进一步开发利用研究有待加强,可以拓展数据的应用服务领域。

土壤元素背景值是基于现有丰富的基础数据统计参数的客观表征,是丽水市基础现状的体现。后期综合考虑丽水市自然环境、地质背景条件等因素,结合国内外研究现状,明确土壤环境生态风险因子,联合生态环境、农业农村、自然资源、卫生健康等部门,开展地方土壤环境质量标准研究,可更好地服务农业安全生产、人体健康与生态环境保护工作。

主要参考文献

陈永宁,邢润华,贾十军,等,2014.合肥市土壤地球化学基准值与背景值及其应用研究[M].北京:地质出版社.

代杰瑞,庞绪贵,2019.山东省县(区)级土壤地球化学基准值与背景值[M].北京:海洋出版社.

黄春雷,林钟扬,魏迎春,等,2023.浙江省土壤元素背景值[M].武汉:中国地质大学出版社.

苗国文,马瑛,姬丙艳,等,2020.青海东部土壤地球化学背景值[M].武汉:中国地质大学出版社.

王学求,周建,徐善法,等,2016.全国地球化学基准网建立与土壤地球化学基准值特征[J].中国地质,43(5):1469-1480.

张伟,刘子宁,贾磊,等,2021.广东省韶关市土壤环境背景值[M].武汉:中国地质大学出版社.